数林外传 系列
跟大学名师学中学数学

极值问题的初等解法

◎ 朱尧辰　著

U0190486

中国科学技术大学出版社

内 容 简 介

本书讲述中等数学中极值问题的一些常用解法和基本技巧,全书给出 50 余个例题和 80 余个练习题(题或题组),总共包含约 200 个问题,并且给出所有练习题的解答或提示.

本书可作为普通高中生的数学课外读物,也可供数学爱好者阅读.

图书在版编目(CIP)数据

极值问题的初等解法/朱尧辰著.—合肥:中国科学技术大学出版社,2015.4(2019.5)

(数林外传系列:跟大学名师学中学数学)

ISBN 978-7-312-03695-8

Ⅰ.极…　Ⅱ.朱…　Ⅲ.极值(数学)—解法　Ⅳ.O172

中国版本图书馆 CIP 数据核字(2015)第 036589 号

中国科学技术大学出版社出版发行

安徽省合肥市金寨路 96 号,230026

http://press.ustc.edu.cn

https://zgkxjsdxcbs.tmall.com

合肥市宏基印刷有限公司印刷

全国新华书店经销

*

开本:880 mm×1230 mm　1/32　印张:7.125　字数:164 千

2015 年 4 月第 1 版　2019 年 5 月第 2 次印刷

印数:4001—8000 册

定价:25.00 元

前　言

　　极值问题是一类重要的数学课题, 在自然科学和生产活动中有着广泛的应用. 在历次版本的中学数学教材中, 初等极值问题都占有一定的份额; 在各类中等数学水平的考试或竞赛中也不乏难度各异的初等极值问题. 历年来与极值问题有关的中等水平的出版物, 总计不下数十种, 它们在撰写的意图、读者对象的取向以及论述的广度和深度等方面都有所差别. 鉴于本系列丛书的性质并参照现行中学数学教材的精神, 我们确定这本小册子的取材范围大体限定在传统中等数学的范围内, 尽量不涉及某些虽然著名但要牵涉较多的其他预备知识的 "经典" 极值问题, 特别, 不涉及应用导数求极值的内容, 并且着重基本的解题方法和题目类型的多样化 (但尽量避免过于人为化的问题), 同时也介绍一些基本解题技巧, 以使较多的读者能从中有所收益.

　　本小册子含十一节和两个附录. 前五节是基本材料. 第 1 节是引言, 给出一些与极值有关的最基本的概念. 第 2~5 节分别通过例题的形式给出中学数学 (初等代数、平面三角和初等几何) 中的一些基本极值问题的解法, 包含若干常用解题原则. 第 6~8 节给出一些特殊的极值方法. 其中第 6 节讨论二元一次函数条件极值问题的图像解法, 实际是线性规划的初步介绍; 第 7 节给出应用二次方程判别式求某些分式函数和无理函数的极值问题的方法; 第 8 节是第 3 节的继续, 它们一起给出一些常见不等式对极值问题的应用. 第 9 节是对前面各节的补充, 包含一些有一定难度的综合性例题. 第 10 节混编了一些不分类的、难易程度不等的极值问题, 具有复习和提高的性质, 供读者选用. 最后一节是所有练习题的解答或提示, 供读者参考. 附录 1 给出正文中经常应用的算术–几何平均不等式的几种证明 (包括 5 个初等的和 2 个非初等的证明), 附录 2 给出正文中定理 8.2 (伯努利不等式) 的初等证明. 它们是选读材料.

限于笔者的水平和经验, 这本小册子在取材和表述等方面难免存在不足之处甚至谬误, 欢迎读者和同行批评指正.

朱尧辰

2014 年 12 月于北京

目　　次

1 引　　言

给定一个由有限多个实数 $a_1, a_2, \cdots, a_n$(这里容许它们中有些数相同) 组成的集合 S. 这些元素 (实数) 中一定有一个不小于 S 中的其他各个数, 这个元素称做 S 的最大元素, 记做 $\max S$, 同时其中一定有一个不大于 S 中的其他各个数, 这个元素称做 S 的最小元素, 记做 $\min S$. 如果 S 的元素中有相同的 (即有重复元素), 那么 S 的最大元素和最小元素可能不止一个; 如果 S 的元素两两互异 (即无重复元素), 那么 S 的最大元素和最小元素都是唯一的, 而且最大元素大于 S 中的所有其他各个数, 最小元素小于 S 中的所有其他各个数. 例如, 若 S 是一个由 3×4 矩形的所有边和所有对角线的长组成的集合, 那么 $S = \{3, 3, 4, 4, 5, 5\}$, 于是这个矩形的两条对角线的长 5 都是 S 的最大元素, 两条短边的长 3 都是 S 的最小元素. 通常在这种情形 (即最大元素或最小元素不止一个), 我们记做 $\max S = 5, \min S = 3$. 又例如, 若 S 由所有满足不等式 $3 < n < 9$ 的整数 n 组成, 则 $\max S = 8, \min S = 4$. 而对于由所有满足不等式 $3 < n \leqslant 9$ 的整数 n 组成的集合 S, 则有 $\max S = 9, \min S = 4$.

如果组成集合 S 的实数不是有限多个, 即 S 是一个无限集, 那么情况就要复杂得多. 例如, 对于由满足不等式 $3 \leqslant x \leqslant 9$ 的实数 x 组成的集合 S(即闭区间 $[3,9]$), 其中实数 9 大于 S 中其他任何数, 3 小于 S 中其他任何数, 它们分别是集合 S 的最大元素和最小元素. 对于由满足不等式 $3 < x < 9$ 的实数 x 组成的集合 S(即开区间 $(3,9)$, 它不包含端点), 则其中不存在最大元素和最小元素. 此外, 对于由满足不等式 $3 < x \leqslant 9$ 的实数 x 组成的集合 S (即区间 $(3,9]$, 它包含右端点), 其最大元素是 9, 但不存在最小元素; 类似地, 对于由满足不等式 $3 < x \leqslant 9$ 的实数 x 组成的集合 S(即区间 $[3,9)$, 它包含左端点), 其最小元素是 3, 但不存在最大元素.

一般地, 设集合 S 由一些实数组成 (它可以是有限的或无限的, 也可以有重复元素), 如果其中存在元素 (实数)a, 不小于 S 中的其他各个数, 则 a 称做 S 的最大元素, 记做 $\max S = a$; 如果其中存在元素 b, 不大于 S 中的其他各个数, 则 b 称做 S 的最小元素, 记做 $\min S = b$. 显然, 当集合 S 有限时, 这个定义与前面对有限集所做的定义是一致的.

最重要也是最常见的一种情形是: S 由某个函数 $f(x)$ 当自变量 x 在某个集合 $D \subseteq \mathbb{R}$ 中取值时的所有函数值组成. 这时 S 的最大元素和最小元素分别称做函数 $f(x)$(当 $x \in D$) 的最大值和最小值, 分别记做 $f_{\max}$ 和 $f_{\min}$. 函数的最大值和最小值也分别称做函数的极大值和极小值, 并且将它们统称为极值. 在此我们要强调:

(1) 若函数 $f(x)$ 的自变量 x 在某个集合 $D \subseteq \mathbb{R}$ 中取值, 为了确认实数 a(或 b) 是 f (在集合 D 上) 的极大值 (或极小值), 应当证明:(i) 对于所有 $x \in D, f(x) \leqslant a$(或 $\geqslant b$); (ii) 存在 $x_0 \in D$, 使得

$f(x_0) = a$(或 b). 此两条缺一不可.

(2)　函数极值与自变量 x 的取值范围 D 有关; 当 D 改变时, 函数极值一般也要改变.

在上面的讨论中, 我们假定 f 只与一个 (自) 变量 x 有关. 实际上, 我们经常需要考虑一个表达式 f, 它与 2 个或更多个变量有关. 这些变量分别在某个集合中取值, 对于这些变量的每一组值, 表达式 f 都有唯一确定的值与之对应. 例如长方形的面积 S 有表达式 $S = ah$, 它与两个变量 a, h(长方形的底和高) 有关. 对于给定的底 a 和高 h, 长方形的面积 S(即 a 与 h 之积) 是唯一确定的. 为了指明 S 的值与 a, h 的值之间的这种对应关系, 我们记 $S = S(a, h)$, 其中 a, h 是自变量, 而 S 是自变量 a, h 的函数. 可类似地引进多个自变量 $x, y, z, \cdots$ 的函数 $f(x, y, z, \cdots)$, 并称做多变量函数 (或多元函数). 只有一个自变量的函数称做单变量函数 (或一元函数). 可以与单变量函数一样地定义多变量函数的定义域和值域. 例如, 对于长方形面积的函数 $S(a, h)$, 若将 a, h 看作一个整体, 即一个数组 (a, h)(或平面直角坐标系中的一个点), 那么函数 $S(a, h)$ 的定义域就是第一象限 (不含坐标轴).S 的值域是数集 $\mathbb{R}_+$(正实数集). 一般说来, 多变量函数的定义域和值域要比单变量函数情形复杂. 对于多变量函数, 上面所做的关于 (单变量) 函数极值的讨论仍然有效. 实际上, 本小册子中, 我们常常面对求一个与多个变量有关的表达式 (多变量函数) 的极值问题.

例 1.1　由函数图像可以看到 (严格地说, 是应用函数的单调性):

(1)　函数 $y = 1/x$ 对于非零的 $x \in \mathbb{R}$ 有意义, $y_{\max}$ 和 $y_{\min}$ 不存在.

(2) 函数 $y = 1/x$ 当 $|x| < 1$ 时没有极值; 当 $|x| \leqslant 1$ 时也没有极值; 当 $0 < x \leqslant 1$ 时 $y_{\min} = y(1) = 1, y_{\max}$ 不存在; 当 $-1 \leqslant x < 0$ 时 $y_{\max} = y(-1) = -1, y_{\min}$ 不存在.

(3) 函数 $y = x^2$ 当 $x \in \mathbb{R}$ 时 $y_{\min} = y(0) = 0, y_{\max}$ 不存在; 当 $|x| \leqslant 1$ 时 $y_{\min} = y(0) = 0, y_{\max} = y(\pm 1) = 1$; 当 $x \in [-3, -2]$ 时, $y_{\max} = y(-3) = 9, y_{\min} = y(-2) = 4$; 当 $x \in [-3, -2] \cup (1, 2]$ 时, $y_{\max} = y(-3) = 9, y_{\min}$ 不存在. $\qquad\square$

例 1.2 对于函数 $y = x^2 - 2x - 2 (x \in \mathbb{R})$, 配方得到 $y = (x-1)^2 - 3$. 因为对于任何实数 x, $(x-1)^2 \geqslant 0$, 所以当 $x \in \mathbb{R}$ 时 $y \geqslant -3$; 又因为当 $x = 1$ 时 $y = -3$, 因此 $y_{\min} = -3$. 注意 $|x|$ 可以取任意大的 (正) 值, 从而 $(x-1)^2$ 可以取任意大的 (正) 值, 因而 $y = (x-1)^2 - 3$ 也可以取任意大的值, 所以 $y_{\max}$ 不存在. 应用函数图像可以帮助我们直观地理解这种推理. $\qquad\square$

最后, 我们要指出, 通常求函数极值时自变量互相独立地在某个集合 (如函数定义域) 中变化. 但实际应用中, 我们也要考虑这样一类多变量函数 $f(x, y, \cdots)$ 的极值问题, 其中自变量 $x, y, \cdots$ 不仅各自在某个集合内取值, 而且它们之间还存在一定的关系. 例如, 在平面直角坐标系中, 求原点 $(0, 0)$ 到直线 $3x - y = 20$ 的距离. 这就是要求这条直线上的一点 (x, y), 使它与原点 $(0, 0)$ 间的距离 $\sqrt{x^2 + y^2}$ 达到极小. 因为点 (x, y) 在直线上, 所以实数 x, y 应当满足直线方程. 于是问题可表述为:

求函数 $f(x, y) = \sqrt{x^2 + y^2} (x, y \in \mathbb{R})$ 的极小值, 其中变量 x, y 满足条件 $3x - y = 20$.

一般地, 在自变量之间存在一定关系的限制下求函数极值的问题, 称做附约束条件的极值问题 (简称条件极值问题), 自变量之间的关系称做约束条件. 在上面问题中, 约束条件就是方程 $3x - y = 20$. 条件极值问题通常可化为一般的 (非条件) 极值问题 (如例 2.6), 但也有一些特殊解法 (如第 6 节, 等等). 我们将在后文结合不同的方法给出解条件极值问题的例子.

注　我们要强调: 一般地, 中等数学中, 所谓 "极值" 是对当自变量在定义域或指定集合中取值时所得到的函数值的整体而言, 因此也称 "整体极值", 也就是最大值和最小值的总称; 并且将整体极大值即最大值简称为极大值, 将整体极小值即最小值简称为极小值. 换言之, 在中等数学中, 最大值与极大值 (以及最小值与极小值), 是不加区分的 (并且混用). 这种理解, 在相当一部分中等水平的数学文献中被人们采用, 本书也是如此.

在学习高等数学 (微积分) 时, 我们要区分函数的 "整体极值" 和 "局部极值" (即 "局部极大值" 和 "局部极小值"), 因而最大值 (即 "整体极大值") 和极大值 (即 "局部极大值") 是有所差别的一对概念, 函数的最小值 (即 "整体极小值") 和极小值 (即 "局部极小值") 也是如此. 本书不讨论 "局部极值".

练习题 1

1.1　(1)　求 $\max\{a, a^2\} (a > 0)$.

(2) 求 $\max\{\sqrt{a}+\sqrt{b}, \sqrt{a+b}\}(a,b>0)$.

1.2 设 n 为奇数, $S_n = \{k \in \mathbb{N} \mid 2^n \leqslant k \leqslant 2^{n+1}, 3|k\}$, 求 $\max S_n$ 和 $\min S_n$(符号 $a|b$ 表示整数 a 整除整数 b).

1.3 设 $a \neq 0$.

(1) 函数 $y = ax + b(x \in \mathbb{R})$ 有无极值 (说明理由)?

(2) 求函数 $y = ax + b(\alpha \leqslant x \leqslant \beta)$ 的极值.

(3) 求函数 $y = ax + b(\alpha < x \leqslant \beta)$ 的极值.

1.4 设 S 是所有斜边为 c(给定) 的直角三角形的面积组成的集合, 求 $\max S$.

2 与二次三项式有关的极值问题

由练习题 1.3 可知, 一次函数 $y = ax + b(a \neq 0)$ 的极值是比较简单的. 在例 1.2 中我们用配方法讨论了一个具体的二次函数的极值问题. 现在一般地研究二次函数

$$y = ax^2 + bx + c \quad (a \neq 0),$$

其中 $x \in \mathbb{R}$. 进行配方:

$$y = a\left(x^2 + \frac{b}{a}x + \frac{c}{a}\right) = a\left(\left(x + \frac{b}{2a}\right)^2 - \left(\frac{b}{2a}\right)^2 + \frac{c}{a}\right)$$
$$= a\left(x + \frac{b}{2a}\right)^2 - \frac{b^2 - 4ac}{4a}.$$

由此推出 $\left(\text{记 } \Delta = b^2 - 4ac, x_0 = -\dfrac{b}{2a}\right)$:

定理 2.1 设 $x \in \mathbb{R}$. 当 $a > 0$ 时, $y_{\min} = c - \dfrac{b^2}{4a} = -\dfrac{\Delta}{4a}$(当 $x = x_0$), 没有极大值; 当 $a < 0$ 时, $y_{\max} = c - \dfrac{b^2}{4a} = -\dfrac{\Delta}{4a}$(当 $x = x_0$), 没有极小值.

如果 (读者) 画出函数图像, 则看得更直观: 函数 $ax^2 + bx + c(a \neq 0)$ 的图像是一条以直线 $x = x_0$ 为对称轴的抛物线. 当 $a > 0$ 时, 开口

向上, 顶点 $(x_0, y_0) = \left(-\dfrac{b}{2a}, -\dfrac{\Delta}{4a}\right)$ 是最低点, 在此 y 取得极小值; 当 $a < 0$ 时, 开口向下, 顶点 $(x_0, y_0) = \left(-\dfrac{b}{2a}, -\dfrac{\Delta}{4a}\right)$ 是最高点, 在此 y 取得极大值.

例 2.1 (1) $y = -4x^2 + 40x - 73, a = -4 < 0, b = 40, c = -73,$ 所以当 $x = -\dfrac{40}{2 \cdot (-4)} = 5$ 时,

$$y_{\max} = -73 - \frac{40^2}{4 \cdot (-4)} = 27,$$

并且 $y_{\min}$ 不存在.

(2) $y = 2x^2 + 20x + 17, a = 2 > 0,$ 因此有 $y_{\min} = -33$(当 $x = -5$ 时), 没有极大值. □

例 2.2 证明: 若两个正数 α, β 之和是一个定值 c, 则当 $\alpha = \beta = c/2$ 时, 两数之积 $\alpha\beta$ 达到最大值 (等于 $c^2/4$).

解 这里给出 3 种解法, 其中第一种解法应用定理 2.1.

解法 1 因为 $\beta = c - \alpha$, 所以 $y = \alpha\beta = \alpha(c - \alpha) = -\alpha^2 - c\alpha$, 这是关于 α 的二次三项式, 由定理 2.1 立得所要的结论.

解法 2 因为

$$4\alpha\beta = (\alpha + \beta)^2 - (\alpha - \beta)^2 = c^2 - |\alpha - \beta|^2,$$

因此, 当 $|\alpha - \beta|$ 减小时, $4\alpha\beta$(从而 $\alpha\beta$ 也) 增大; 并且当 $|\alpha - \beta| = 0$ (即 $\alpha = \beta$ 时)$4\alpha\beta$(从而 $\alpha\beta$ 也) 达到最大. 于是推出所要的结论.

解法 3 参见练习题 1.4 的解法, 保留那里的记号. 由弧 AB(点 A, B 除外) 上任意一点 C 作 AB 的垂线 CD, 垂足 D 分 AB 为两部分 $AD = \alpha, BD = \beta$, 那么 $\alpha + \beta = c$. 由直角三角形 ABC 的性质 (或

应用 $\triangle CAD$ 相似于 $\triangle BCD$) 得知 $CD^2 = AD \cdot BD$, 即 $\alpha\beta = CD^2$. 当 C 是弧 AB 的中点时, 垂线段 CD 最长, 从而 $\alpha\beta = CD^2$ 最大. 由此即可推出题中的结论. □

例 2.3 求斜边为 c(给定值) 的具有最大面积的直角三角形.

解 我们给出 3 种解法.

解法 1 见练习题 1.4 的解 (几何方法).

解法 2 设 $\triangle ABC$ 是斜边 $AB = c$ 的直角三角形. 由直角顶点 C 作底边上的高 CD(如图 2.1). 令 $AD = x$, 则 $BD = c - x$, 并且 $CD^2 = AD \cdot BD$, 因此 $CD = \sqrt{x(c-x)}$. 于是直角三角形 CAB 的面积

$$y = \frac{1}{2}c\sqrt{x(c-x)}.$$

因此我们只需求出函数 $f(x) = x(c-x)$ 的极值. 由定理 2.1 或例 2.2 可知当 $x = c/2$ 时 $f_{\max} = c^2/4$(没有极小值). 因此 $y_{\max} = c^2/4$, 此时 $\triangle ABC$ 是等腰直角三角形.

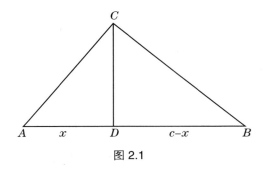

图 2.1

解法 3 设直角三角形的两条直角边长分别为 a, b, 则由勾股定理

得到 $b = \sqrt{c^2 - a^2}$, 因此直角三角形的面积

$$S = \frac{1}{2}ab = \frac{1}{2}a\sqrt{c^2 - a^2}.$$

由此得到

$$S^2 = \frac{1}{4}a^2(c^2 - a^2).$$

因为 $a^2 + (c^2 - a^2) = c^2$ 是一个定值, 所以由例 2.2 可知, 当 $a^2 = b^2 = c^2/2$ 时 S^2 取极大值 $c^2/16$, 从而当 $a = b = \frac{\sqrt{2}}{2}c$ 时 (即当 $\triangle ABC$ 为等腰直角三角形时), 直角三角形的面积取极大值 $c^2/4$. □

例 2.4 如图 2.2 所示, 在边长为 a 的正方形 $ABCD$ 的边 AB, BC, CD, DA 上各取点 M, N, P, Q 使得 $AM = BN = CP = DQ$, 并且四边形 $MNPQ$ 面积最小.

解 **解法 1** 易证 $MNPQ$ 是正方形. 设 $AM = x$, 则 $AQ = a - x$, 于是由勾股定理得知正方形 $MNPQ$ 的边长等于 $\sqrt{x^2 + (a-x)^2}$, 其面积

$$S = x^2 + (a-x)^2 = 2x^2 - 2ax + a^2,$$

由定理 2.1 可知当 $x = a/2$ 时 $S_{\min} = a^2/2$, 此时 M, N, P, Q 分别是正方形 $ABCD$ 各边的中点.

解法 2 因为 $MNPQ$ 是正方形, 四个角上截得的直角三角形全等. 只需使直角三角形 AMQ 面积最大, 即可使正方形 $MNPQ$ 面积最小. 设 $AM = x$, 则 $AQ = a - x$, 直角三角形 AMQ 的面积

$$y = \frac{1}{2}x(a-x) = -\frac{1}{2}x^2 + \frac{1}{2}ax.$$

由定理 2.1 可知, 当 $x = a/2$ 时有 $y_{\max} = a^2/8$, 从而正方形 $MNPQ$

面积最小, 等于 $a^2 - 4 \cdot (a^2/8) = a^2/2$, 此时 M, N, P, Q 分别是正方形 $ABCD$ 各边的中点.

或者: 因为 $x + (a - x) = a$ 是定值, 所以可应用例 2.2 求出 $y_{\max} = a^2/8$. □

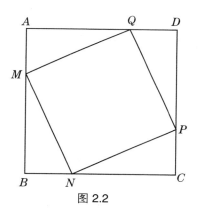

图 2.2

例 2.5　证明: 若两个正数 α, β 之积是一个定值 c, 则当 $\alpha = \beta = \sqrt{c}$ 时, 两数之和 $\alpha + \beta$ 达到最小值 (等于 $2\sqrt{c}$).

解　**解法 1**　因为

$$(\alpha + \beta)^2 = (\alpha - \beta)^2 + 4\alpha\beta = (\alpha - \beta)^2 + 4c \geqslant 4c,$$

并且当 $\alpha - \beta = 0$ 时等号成立, 所以此时 $(\alpha + \beta)^2$ 达到最小值. 注意 $\alpha + \beta > 0$, 即可推出题中的结论.

或者: $(\alpha + \beta)^2 = (\alpha - \beta)^2 + 4\alpha\beta = |\alpha - \beta|^2 + 4c$. 因为 c 是定值, 所以当 $|\alpha - \beta|$ 减小时, $(\alpha + \beta)^2$ 也减小; 当 $|\alpha - \beta|$ 减至 0 时, $(\alpha + \beta)^2$ 减至最小. 由此可推出结论.

解法 2　(i)　因为对于任何 $\alpha, \beta \in \mathbb{R}, (\alpha - \beta)^2 \geqslant 0$, 所以 $(\alpha - \beta)^2 +$

$4\alpha\beta \geqslant 4\alpha\beta$, 即

$$(\alpha+\beta)^2 \geqslant 4\alpha\beta.$$

(ii) 如果对于任何满足 $\alpha\beta = c$ 的正数 α,β 总有 $\alpha+\beta < 2\sqrt{c}$, 那么由步骤 (i) 中的不等式推出

$$(2\sqrt{c})^2 > (\alpha+\beta)^2 \geqslant 4\alpha\beta = 4c,$$

于是 $4c > 4c$, 这不可能. 因此对于任何满足 $\alpha\beta = c$ 的正数 α,β 总有

$$\alpha+\beta \geqslant 2\sqrt{c},$$

并且当 $\alpha = \beta = \sqrt{c}$ 时 $\alpha+\beta = 2\sqrt{c}$, 从而 $\alpha+\beta$ 的最小值等于 $2\sqrt{c}$. □

注 例 2.2 和例 2.5 中的两个命题互为 "对偶", 在解题时可作为定理直接应用. 例 2.5 中的解法 2 (应用不等式) 将在第 3 节加以推广.

最后, 我们来通过求二次三项式的极值, 推导平面直角坐标系中原点到直线的距离公式.

例 2.6 求原点 $(0,0)$ 到直线 $ax+by+c=0\,(a,b$ 不同时为零$)$ 的距离.

解 首先设 $ab \neq 0$. 如在第 1 节 (末尾) 中所作的分析, 我们要在约束条件 $ax+by+c=0$ 之下求二变量函数

$$f(x,y) = \sqrt{x^2+y^2} \quad (x,y \in \mathbb{R})$$

的极小值. 由 $ax+by+c=0$ 得到

$$y = -\frac{ax+c}{b},$$

于是

$$f = \sqrt{x^2 + \frac{(ax+c)^2}{b^2}} = \frac{1}{|b|} \cdot \sqrt{(a^2+b^2)x^2 + 2acx + c^2}.$$

可见问题归结为求下列单变量函数的极小值:

$$F(x) = (a^2+b^2)x^2 + 2acx + c^2 \quad (x \in \mathbb{R}).$$

由定理 2.1 得到当 $x = -\dfrac{ac}{a^2+b^2}$ 时,

$$F_{\min} = \frac{b^2c^2}{a^2+b^2}.$$

因此距离公式是

$$d = \frac{|c|}{\sqrt{a^2+b^2}}.$$

直接验证可知, 此公式也适用于 $a = 0$ 或 $b = 0$ 的情形 (特别, 对于第 1 节中提出的条件极值问题, 所求距离等于 $f_{\min} = 2\sqrt{10}$). 而垂足坐标是 $\left(-\dfrac{ac}{a^2+b^2}, -\dfrac{bc}{a^2+b^2}\right)$. □

  注 本例题另一解法见例 8.2(在其中取 $(\alpha, \beta) = (0,0)$).

练 习 题 2

2.1 求 $y = \dfrac{1}{9 + x^2 - 2x}$ $(x \in \mathbb{R})$ 的极值.

2.2 设 $a, b, c > 0$ 是常数.

(1) 求 $y = ax + \dfrac{b}{x}(x > 0)$ 的极小值.

(2) 设 $ax + by = c$, 求乘积 xy 的极大值.

2.3 对于一个高为 $1(\mathrm{m})$、体积为 $1(\mathrm{m}^3)$ 的长方体, 确定其长和宽, 使得它的表面积达到极值.

2.4 求边长为 1 的正三角形的内接长方形 (其底边落在三角形的一条边上) 的面积的极大值.

2.5 一个由矩形及以其一边为边长向形外作正三角形所组成的图形, 周长为 l, 问何时图形面积最大?

2.6 如图 2.3 所示, 设线段 AC 垂直于射线 CE(C 是垂足), 点 B 在 AC 上、点 D 在 CE 上变动位置, 始终保持 $AB:CD=2.5$. 求线段 BD 长度达到极值的位置.

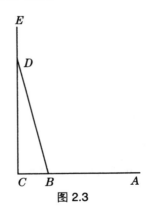

图 2.3

2.7 过圆 O 内一给定点 P 作互相垂直的两条弦 AC, BD, 问何时四边形 $ABCD$ 面积最大?

2.8 求双曲线 $2x^2-y^2=2$ 上分别距点 $A(3,0)$ 和 $B(6,0)$ 最近的点.

2.9 设 $m \in \mathbb{R}, \sigma(m)$ 是函数 $f(x)=x^2-2mx+2m^2-m+1$ 的极小值, 求 m 使得 $\sigma(m)$ 极小.

3 算术–几何平均不等式对极值问题的应用

在例 2.5 的解法 2 中, 我们由 $(\alpha - \beta)^2 \geqslant 0 (\alpha, \beta \in \mathbb{R})$ 推出不等式

$$(\alpha + \beta)^2 \geqslant 4\alpha\beta.$$

因此当 $\alpha, \beta > 0$ 时

$$\frac{\alpha + \beta}{2} \geqslant \sqrt{\alpha\beta}.$$

我们还可看到: 当 $\alpha = \beta$ 时等式成立; 反之, 若等式成立, 则 $(\alpha - \beta)^2 = 0$, 从而 $\alpha = \beta$. 上式左边的式子称做 α, β 的算术平均 (值), 右边的式子称做 α, β 的几何平均 (值). 因此, 两个正数的算术平均不小于它们的几何平均, 并且当且仅当两数相等时等式成立. 这个结论可以扩充到任意多个正数的情形. 对于 $n(\geqslant 2)$ 个正数 $a_1, a_2, \cdots, a_n$, 我们将

$$A_n = A_n(a_1, a_2, \cdots, a_n) = \frac{a_1 + a_2 + \cdots + a_n}{n},$$
$$G_n = G_n(a_1, a_2, \cdots, a_n) = \sqrt[n]{a_1 a_2 \cdots a_n}$$

分别称做 $a_1, a_2, \cdots, a_n$ 的算术平均 (值) 和几何平均 (值). 我们有

定理 3.1 任意 $n(\geqslant 2)$ 个正数 (或非负数)$a_1, a_2, \cdots, a_n$ 的算术平均不小于它们的几何平均, 即有

$$\frac{a_1 + a_2 + \cdots + a_n}{n} \geqslant \sqrt[n]{a_1 a_2 \cdots a_n},$$

并且当且仅当这 n 个数相等时等式成立.

对于 $n(\geqslant 2)$ 个正数 $a_1, a_2, \cdots, a_n$, 我们还将

$$
\begin{aligned}
H_n = H_n(a_1, a_2, \cdots, a_n) &= A_n \left(\frac{1}{a_1}, \frac{1}{a_2}, \cdots, \frac{1}{a_n} \right)^{-1} \\
&= \frac{n}{\dfrac{1}{a_1} + \dfrac{1}{a_2} + \cdots + \dfrac{1}{a_n}}
\end{aligned}
$$

称为 $a_1, a_2, \cdots, a_n$ 的调和平均 (值). 在定理 3.1 中用 $1/a_1, 1/a_2, \cdots, 1/a_n$ 代替 $a_1, a_2, \cdots, a_n$, 立得

定理 3.2 任意 $n(\geqslant 2)$ 个正数 $a_1, a_2, \cdots, a_n$ 的几何平均不小于它们的调和平均, 即有

$$\sqrt[n]{a_1 a_2 \cdots a_n} \geqslant \frac{n}{\dfrac{1}{a_1} + \dfrac{1}{a_2} + \cdots + \dfrac{1}{a_n}},$$

并且当且仅当这 n 个数相等时等式成立.

由定理 3.1 和 3.2 推出 $A_n \geqslant H_n$, 它可改写为

定理 3.3 对于任意 $n(\geqslant 2)$ 个正数 $a_1, a_2, \cdots, a_n$ 有

$$(a_1 + a_2 + \cdots + a_n)\left(\frac{1}{a_1} + \frac{1}{a_2} + \cdots + \frac{1}{a_n} \right) \geqslant n^2,$$

并且当且仅当这 n 个数相等时等式成立.

这三个不等式可合写为 $A_n \geqslant G_n \geqslant H_n$, 有时简称为 "A.–G.–H. 不等式". 定理 3.1 中的不等式称为算术–几何平均不等式, 是一个非

常重要而且应用极为广泛的不等式, 有时简称为 "A.–G. 不等式", 可用数学归纳法或其他方法证明 (参见本小册子的附录). 下面我们应用它来解一些初等极值问题.

例3.1 设 $x_1, x_2, \cdots, x_n$ 是 n 个正数.

(1) 若这些数之和是定值, 即 $x_1 + x_2 + \cdots + x_n = c$(其中 $c > 0$ 是常数), 则当它们相等 (即 $x_1 = x_2 = \cdots = x_n = c/n$) 时, 它们的积 $x_1 x_2 \cdots x_n$ 最大(等于 $(c/n)^n$).

(2) 若这些数之积是定值, 即 $x_1 x_2 \cdots x_n = c$(其中 $c > 0$ 是常数), 则当它们相等 (即 $x_1 = x_2 = \cdots = x_n = \sqrt[n]{c}$) 时, 它们的和 $x_1 + x_2 + \cdots + x_n$ 最小(等于 $n\sqrt[n]{c}$).

解 若 $x_1 + x_2 + \cdots + x_n = c$, 则由定理 3.1 得到

$$\sqrt[n]{x_1 x_2 \cdots x_n} \leqslant \frac{x_1 + x_2 + \cdots + x_n}{n} = \frac{c}{n},$$

因此 $\sqrt[n]{x_1 x_2 \cdots x_n}$ 不超过定值 c/n, 并且当 $x_1 = x_2 = \cdots = x_n = c/n$ 时, $\sqrt[n]{x_1 x_2 \cdots x_n}$ 取值 c/n, 因此此时 $\sqrt[n]{x_1 x_2 \cdots x_n}$ 达到最大值, 从而 $x_1 x_2 \cdots x_n$ 达到最大值 $(c/n)^n$. 类似地可证明另一结论. □

注 本例中两个命题分别是例 2.2 和 2.5 中命题的推广, 可直接用来解题. 但要注意, 在有些情形, 按此方法解题时, 由条件 $x_1 = x_2 = \cdots = x_n$ 确定的自变量的值不是实数, 或无解, 因而可能导致方法失效 (对此可参见例 9.5、例 9.7 和练习题 9.3 等).

例3.2 (1) 设 $x, y > 0$, 求 $f = 12/x + 18/y + xy$ 的极值.

(2) 设 x, y, z 是正数, 求 $f = x/y + 2y/z + 4z/x + 12$ 的极小值.

解 (1) 因为

$$\frac{12}{x} \cdot \frac{18}{y} \cdot (xy) = 12 \cdot 18$$

是定值, 且三个因子都是正数, 所以当

$$\frac{12}{x} = \frac{18}{y} = xy = \sqrt[3]{12 \cdot 18},$$

即 $x = 2, y = 3$ 时, f 取极小值 18. 因为 $x, y > 0$ 可以取任意大的 (正) 值, 并且 $f = 12/x + 18/y + xy > xy$, 所以 $12/x + 18/y + xy$ 的值可任意大, 从而无极大值.

(2) 因为 $x/y, 2y/z, 4z/x$ 是 3 个正数, 其积 $(x/y)(2y/z)(4z/x) = 8$ 是一个 (正) 常数, 所以当

$$\frac{x}{y} = \frac{2y}{z} = \frac{4z}{x} = \sqrt[3]{8}$$

时, 它们的和取极小值 $3 \cdot \sqrt[3]{8} = 6$, 因此 $f_{\min} = 6 + 12 = 18$. 由上面的等式可知 f 的极小值当 $x : y : z = 2 : 1 : 1$ 时达到. □

例3.3 设 $a > 0$ 是常数. 求 $f = x(a - x^2)\,(x > 0)$ 的极大值.

解 (i) 当 $x \geqslant \sqrt{a}$ 时 $f \leqslant 0$.

(ii) 当 $0 < x < \sqrt{a}$ 时, 为求 f 的极值, 考虑

$$f^2 = x^2(a - x^2)^2 = 4 \cdot x^2 \cdot \frac{a - x^2}{2} \cdot \frac{a - x^2}{2}.$$

因为 $x^2 + (a - x^2)/2 + (a - x^2)/2 = a$ 是定值, $x^2, (a - x^2)/2 > 0$, 所以当

$$x^2 = \frac{a - x^2}{2} = \frac{a}{3}$$

(即 $x = \sqrt{3a}/3$, 显然此值 $< \sqrt{a}$) 时, f^2 取极大值 $4 \cdot (a/3)^3 = 4a^3/27$, 从而当 $x = \sqrt{3a}/3$ 时 f 取极大值 $2a\sqrt{3a}/9$.

(iii) 合并情形 (i) 和 (ii), 可知 $f_{\max} = f(\sqrt{3a}/3) = 2a\sqrt{3a}/9$. □

注 本例的解法所应用的技巧是为了产生符合例 3.1 中命题的条件的表达式. 这是一种常用的技巧.

例 3.4 求函数

$$f(x) = \frac{(x+11)(x+3)}{x+2} \quad (x > 0)$$

的最小值.

解 令 $y = x + 2$, 则 $x = y - 2$, 并且 $x > 0$ 等价于 $y > 2$. 因为

$$f(x) = f(y-2) = \frac{(y+9)(y+1)}{y} = \frac{y^2 + 10y + 9}{y} = y + 10 + \frac{9}{y},$$

所以只需求函数 $F(y) = f(y-2) = y + 9/y + 10\,(y > 2)$ 的极值. 因为正数 y 和 $9/y$ 之积 $y(9/y) = 9$ 是定值, 所以当 $y = 9/y$ 即 $y = 3$(注意 $y > 2$) 时 $y + 9/y$ 有极小值 6. 因此 $F_{\min} = F(3) = 6 + 10 = 16$. 因为 $y = 3$ 对应于 $x = 1$, 由此可知 $f_{\min} = f(1) = F(3) = 16$. □

例 3.5 求半径为 r 的球的外切正圆锥的表面积的最小值.

解 **解法 1** 由对称性, 圆锥的底面 (圆) 与球相切于圆锥底面中心 H, 圆锥的高通过球心 O(垂足是圆锥底面中心 H). 圆锥的轴截面 (等腰三角形)ABC 的内切圆半径等于 r. 在轴截面三角形 ABC 中令 $\angle ABO = \angle OBH = \theta$, 作 $OD \perp AB$(如图 3.1 所示). 令圆锥底面半径等于 x, 圆锥母线长等于 l. 那么圆锥侧面积等于 $2\pi x l/2 = \pi x l$, 底面积等于 πx^2, 因此圆锥表面积

$$S = \pi x l + \pi x^2 = \pi x(x + l).$$

我们通过 r 和 θ 来表示 x 和 l. 因为

$$x = r\cot\theta, \quad l = \frac{x}{\cos 2\theta},$$

所以

$$S = \pi x\left(x + \frac{x}{\cos 2\theta}\right) = \pi x^2\left(1 + \frac{1}{\cos 2\theta}\right)$$

$$= \pi x^2 \cdot \frac{\cos 2\theta + 1}{\cos 2\theta} = \pi x^2 \cdot \frac{2\cos^2\theta}{\cos^2\theta - \sin^2\theta},$$

注意 $\cos\theta \neq 0$, 我们得到

$$S = 2\pi x^2 \cdot \frac{1}{1 - \tan^2\theta} = \frac{2\pi r^2}{\tan^2\theta(1 - \tan^2\theta)}.$$

因为由三角形内角和定理可知 $0 < \theta < \pi/4$, 所以 $\tan^2\theta, 1 - \tan^2\theta > 0$, 并且它们的和等于定值 1, 因此当 $\tan^2\theta = 1 - \tan^2\theta$ 时, 即 $\tan\theta = \sqrt{2}/2$ 时, $\tan^2\theta(1 - \tan^2\theta)$ 取最大值 $1/4$, 从而 $S_{\min} = 8\pi r^2$.

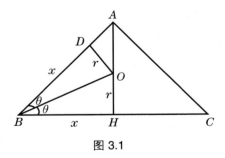

图 3.1

解法 2 如解法 1, 得到 $S = \pi x(x + l)$. 因为 $\triangle ADO \sim \triangle AHB$, 所以

$$\frac{AD}{DO} = \frac{AH}{BH}.$$

注意 $AH = AO + OH = \sqrt{AD^2 + r^2} + r$, 由上式得到

$$\frac{AD}{r} = \frac{\sqrt{AD^2 + r^2} + r}{x},$$

于是 $x \cdot AD - r^2 = r\sqrt{AD^2 + r^2}$, 由此解得

$$AD = \frac{2r^2 x}{x^2 - r^2}.$$

于是

$$l = AD + DB = \frac{2r^2 x}{x^2 - r^2} + x = \frac{x(x^2 + r^2)}{x^2 - r^2}.$$

将此代入 S 的表达式, 得到

$$S = \frac{2\pi x^4}{x^2 - r^2}.$$

为了能够应用例 3.1 中的命题, 我们考虑 $f = 1/S$(注意 $S \neq 0$), 有

$$f = \frac{1}{2\pi} \cdot \frac{x^2 - r^2}{x^4} = \frac{1}{2\pi r^2} \cdot \frac{r^2}{x^2} \left(1 - \frac{r^2}{x^2}\right).$$

因为 $r = DO = AO \sin \angle BAH, x = BH = AB \sin \angle BAH, AB > AH > AO$, 并且 $\angle BAH < \pi/2$, 所以 $r < x$ (或者: 由上面得到的等式 $AD/DO = AH/BH$ 得到 $AD/r = AH/x$, 从而由 $AD < AO < AH$ 推出 $r < x$). 因此 r^2/x^2 和 $1 - r^2/x^2$ 都是正数, 其和等于定值 1, 于是当 $r^2/x^2 = 1 - r^2/x^2$ 即 $x = \sqrt{2}r$ (这与 $\tan\theta = \sqrt{2}/2$ 等价) 时, f 取最大值 $1/(8\pi r^2)$, 从而 S 取最小值 $8\pi r^2$. □

例 3.6 设 $x_1, x_2, \cdots, x_n$ 是 n 个正数, $r_1, r_2, \cdots, r_n$ 是 n 个正有理数. 记 $r = r_1 + r_2 + \cdots + r_n$. 若幂积 $x_1^{r_1} x_2^{r_2} \cdots x_n^{r_n} = c$(其中 $c > 0$ 是常数), 则当

$$\frac{x_1}{r_1} = \frac{x_2}{r_2} = \cdots = \frac{x_n}{r_n} = c^{1/r} r_1^{-r_1/r} r_2^{-r_2/r} \cdots r_n^{-r_n/r}$$

时, 和 $x_1 + x_2 + \cdots + x_n$ 取极小值 $rc^{1/r}r_1^{-r_1/r}r_2^{-r_2/r}\cdots r_n^{-r_n/r}$.

解 记 $f = x_1 + x_2 + \cdots + x_n$. 设 M 是 (正) 有理数 $r_1, r_2, \cdots, r_n$ 的最小公分母, 那么 $s_1 = Mr_1, s_2 = Mr_2, \cdots, s_n = Mr_n$ 都是正整数, 并且由 $x_1^{r_1} x_2^{r_2} \cdots x_n^{r_n} = c$ 可知

$$x_1^{s_1} x_2^{s_2} \cdots x_n^{s_n} = c^M,$$

因而

$$\left(\frac{x_1}{s_1}\right)^{s_1}\left(\frac{x_2}{s_2}\right)^{s_2}\cdots\left(\frac{x_n}{s_n}\right)^{s_n} = c^M\left(s_1^{s_1} s_2^{s_2} \cdots s_n^{s_n}\right)^{-1}.$$

记 $s = s_1 + s_2 + \cdots + s_n$, 上式表明 s 个正数

$$\frac{x_1}{s_1}, \cdots, \frac{x_1}{s_1}; \frac{x_2}{s_2}, \cdots, \frac{x_2}{s_2}; \cdots; \frac{x_n}{s_n}, \cdots, \frac{x_n}{s_n}$$

(其中 x_1/s_1 重复 s_1 次, 等等) 之积等于常数

$$c^M\left(s_1^{s_1} s_2^{s_2} \cdots s_n^{s_n}\right)^{-1};$$

并且这 s 个正数之和

$$\begin{aligned}
&\frac{x_1}{s_1} + \cdots + \frac{x_1}{s_1} + \frac{x_2}{s_2} + \cdots + \frac{x_2}{s_2} + \cdots + \frac{x_n}{s_n} + \cdots + \frac{x_n}{s_n} \\
&= s_1 \cdot \frac{x_1}{s_1} + s_2 \cdot \frac{x_2}{s_2} + \cdots + s_n \cdot \frac{x_n}{s_n} \\
&= x_1 + x_2 + \cdots + x_n = f.
\end{aligned}$$

依例 3.1(2), 当

$$\frac{x_1}{s_1} = \frac{x_2}{s_2} = \cdots = \frac{x_n}{s_n} = c^{M/s}\left(s_1^{s_1} s_2^{s_2} \cdots s_n^{s_n}\right)^{-1/s}$$

时, 这 s 个正数之和 f 取极小值

$$f_{\min} = sc^{M/s}\left(s_1^{s_1}s_2^{s_2}\cdots s_n^{s_n}\right)^{-1/s}.$$

由 $r, s_1, s_2, \cdots, s_n$ 的定义可知 $s = Mr$, 所以

$$s_1^{s_1}s_2^{s_2}\cdots s_n^{s_n} = M^{Mr}\left(r_1^{r_1}r_2^{r_2}\cdots r_n^{r_n}\right)^M,$$

从而

$$\left(s_1^{s_1}s_2^{s_2}\cdots s_n^{s_n}\right)^{-1/s} = M^{-1}\left(r_1^{r_1}r_2^{r_2}\cdots r_n^{r_n}\right)^{-1/r}.$$

因此

$$f_{\min} = rc^{1/r}r_1^{-r_1/r}r_2^{-r_2/r}\cdots r_n^{-r_n/r}.$$

此外, 上述条件等价于

$$\frac{Mx_1}{s_1} = \frac{Mx_2}{s_2} = \cdots = \frac{Mx_n}{s_n} = Mc^{M/s}\left(s_1^{s_1}s_2^{s_2}\cdots s_n^{s_n}\right)^{-1/s},$$

它可化简为

$$\frac{x_1}{r_1} = \frac{x_2}{r_2} = \cdots = \frac{x_n}{r_n} = c^{1/r}r_1^{-r_1/r}r_2^{-r_2/r}\cdots r_n^{-r_n/r}.$$

于是本题得证. $\qquad\qquad\qquad\qquad\qquad\qquad\qquad\qquad\square$

注 1° 实际上, 可设 $r_1, r_2, \cdots, r_n$ 为正实数, 不必限定为有理数 (因为任一实数都是一个无穷有理数列的极限). 练习题 3.10 也是如此.

注 2° 除 A.–G. 不等式外, 还有一些不等式也可用于解极值问题, 见第 8 节.

练习题 3

3.1 设 $a > 0$ 是常数. 求下列表达式 f 的极大值:

(1) $f = ax^2 - x^3\,(x > 0)$.

(2) $f = x\sqrt{a^2 - x^2}\,(0 < x < a)$.

3.2 设 $a > 0$ 是常数. 求下列表达式 f 的极小值:

(1) $f = x + \dfrac{a}{x^2}\,(x > 0)$.

(2) $f = \dfrac{x}{x^3 + a}\,(x > 0)$.

3.3 (1) 求 $f = x^2 y^3 (1 - x - y)\,(x, y > 0)$ 的极大值.

(2) 求 $f = 4\sqrt{5x + 6} + \dfrac{1}{(5x + 6)^2}$ 的极小值.

3.4 证明: 对于半径为 r 的球的外切正圆锥, 当它的高为 $4r$ 时体积最小, 并求此最小值.

3.5 求半径为 R 的球的内接圆柱的侧面积的极大值.

3.6 以周长为 $4p$ 的长方形的四条边为直径分别在长方形外作半圆, 求这些半圆所围成的图形的面积的极小值.

3.7 证明: 体积一定的圆柱体当其轴截面为正方形时表面积极小.

3.8 已知正圆锥的体积等于 V_0. 以其底面中心为顶点作内接正圆锥. 证明: 体积最大的内接正圆锥的高等于这个正圆锥的高的 $1/3$, 体积等于 $4V_0/27$.

3.9 在四面体 $P - ABC$ 中, $\angle APB = \angle BPC = \angle CPA = 90°$, 各棱之和等于 p, 求四面体体积的极大值.

3.10　设 $x_1, x_2, \cdots, x_n$ 是 n 个正数, $r_1, r_2, \cdots, r_n$ 是 n 个正有理数. 记 $r = r_1 + r_2 + \cdots + r_n$. 若和 $x_1 + x_2 + \cdots + x_n = c$(其中 $c > 0$ 是常数), 则当

$$\frac{x_1}{r_1} = \frac{x_2}{r_2} = \cdots = \frac{x_n}{r_n} = \frac{c}{r}$$

时, 幂积 $x_1^{r_1} x_2^{r_2} \cdots x_n^{r_n}$ 取极大值 $r^{-r} r_1^{r_1} r_2^{r_2} \cdots r_n^{r_n} c^r$.

3.11　设 $x_1, x_2, \cdots, x_n$ 是和为定值 $c(> 0)$ 的正数, 则当它们相等 (都等于 c/n) 时, $1/x_1 + 1/x_2 + \cdots + 1/x_n$ 取极小值 n^2/c.

4　与三角函数有关的极值问题

与三角函数有关的极值问题的基本解法, 一般需应用三角函数的基本性质 (如周期性, 正弦和余弦函数的有界性, 等等), 以及三角恒等变形的技巧, 并且一些问题要借助求极值的代数方法 (例如前面两节中的方法).

例 4.1　设 a,b 是非零实数, 求函数 $f(x) = a\sin x + b\cos x\,(x \in \mathbb{R})$ 的极值.

解　在直角坐标系中, 设点 M 的坐标是 $(a,b), a,b \neq 0$, 并记 $r = \sqrt{a^2 + b^2}$. 那么存在唯一的 $\theta \in (0, 2\pi)$ 使得

$$a = r\cos\theta, \quad b = r\sin\theta,$$

从而

$$a\sin x + b\cos x = r\sin x\cos\theta + r\cos x\sin\theta = r\sin(x + \theta).$$

因为 $\sin(x+\theta)\,(x \in \mathbb{R})$ 分别有极大值 1 和极小值 -1, 因此

$$f_{\max} = r = \sqrt{a^2 + b^2} \quad (\text{当 } x = 2n\pi + \pi/2 - \theta\,(n \in \mathbb{Z})),$$

$$f_{\min} = -r = -\sqrt{a^2 + b^2} \quad (\text{当 } x = (2n+1)\pi + \pi/2 - \theta\,(n \in \mathbb{Z})). \qquad \square$$

注 上面这种变形常用于有关振动的问题中. 若考虑点 $N(b,a)$, 令

$$b = r\cos\theta, \quad a = r\sin\theta$$

(其中 $0 < \theta < 2\pi$), 则得

$$a\sin x + b\cos x = r\sin x\sin\theta + r\cos x\cos\theta = r\cos(x - \theta),$$

可同样求出 f 的极值.

例 4.2 求 $f(x) = -\sin^2 x + 3\sin x + 10\,(x \in \mathbb{R})$ 的极值.

解 **解法 1** 令 $t = \sin x$, 则 $f(x) = -t^2 + 3t + 10$. 定义

$$g(t) = -t^2 + 3t + 10,$$

则 $f(x) = g(\sin x)$. 因为当 $x \in \mathbb{R}$ 时 $|\sin x| \leqslant 1$, 所以 $|t| \leqslant 1$. 配方得到

$$g(t) = -\left(t - \frac{3}{2}\right)^2 + \frac{49}{4} \quad (|t| \leqslant 1).$$

当 $t \in \mathbb{R}$ 时, 我们得到一条以直线 $t = 3/2$ 为对称轴的抛物线, 而函数 $g(t)$ 的图像是这条抛物线的一段. 在 t 轴上, 区间 $[-1,1]$ 在点 $t = 3/2$ 的左侧, 所以当 $|t| \leqslant 1$ 时, $g(t)$ 单调增加(读者可自行画出 $g(t)$ 的图像草图), 从而 g 的极值只能在区间 $[-1,1]$ 的端点达到. 于是

$$g_{\max} = g(1) = 12, \quad g_{\min} = g(-1) = 6.$$

依 $t = \sin x$ 可知: $t = 1$ 对应于 $x = 2n\pi + \pi/2\,(n \in \mathbb{Z})$, 此时 $f_{\max} = 12$; 而 $t = -1$ 对应于 $x = (2n+1)\pi + \pi/2\,(n \in \mathbb{Z})$, 此时 $f_{\min} = 6$.

解法 2 因式分解得到

$$f(x) = (5 - \sin x)(2 + \sin x).$$

因为对于任意实数 α, β 有

$$\alpha\beta = \frac{1}{4}\left((\alpha+\beta)^2 - (\alpha-\beta)^2\right),$$

所以

$$f(x) = \frac{1}{4}\left(\left((5-\sin x)+(2+\sin x)\right)^2 - \left((5-\sin x)-(2+\sin x)\right)^2\right)$$
$$= \frac{1}{4}\left(7^2 - (3-2\sin x)^2\right) = \frac{49}{4} - \frac{1}{4}(3-2\sin x)^2.$$

注意 $3-2\sin x > 0$. 当 $\sin x = 1$ 时 $3-2\sin x = 1$ 最小; 当 $\sin x = -1$ 时 $3-2\sin x = 5$ 最大. 因此 $f_{\max} = 12, f_{\min} = 6$(达到极值的自变量 x 的值同上). $\qquad\square$

注 1° 还可参见补充练习题 10.15.

注 2° 在解法 2 中, 下法失效: 因为 $5-\sin x > 0, 2+\sin x > 0$, 并且 $(5-\sin x)+(2+\sin x) = 7$ 是常数, 所以 (依例 2.2) 当 $5-\sin x = 2+\sin x$, 即 $\sin x = 3/2$ 时, f 取极大值. 但这样的 x 不存在.

例 4.3 设 $a,b,c \in \mathbb{R}$, 求 $y = a\sin^2 x + 2b\sin x\cos x + c\cos^2 x \ (x \in \mathbb{R})$ 的极值, 并证明两个极值是方程

$$(t-a)(t-c) = b^2$$

的两个根.

解 我们有

$$y = a \cdot \frac{1-\cos 2x}{2} + b\sin 2x + c \cdot \frac{1+\cos 2x}{2}$$
$$= \frac{a+c}{2} + \frac{c-a}{2}\cos 2x + b\sin 2x$$

令 $u = (c-a)/2$. 若 u, b 不同时等于 0, 则

$$
\begin{aligned}
y &= \frac{a+c}{2} + u\cos 2x + b\sin 2x \\
&= \frac{a+c}{2} + \sqrt{u^2 + b^2}\,(\sin\alpha\cos 2x + \cos\alpha\sin 2x) \\
&= \frac{a+c}{2} + \sqrt{u^2 + b^2}\,\sin(2x + \alpha),
\end{aligned}
$$

其中 $\alpha \in [0, 2\pi)$ 由

$$
\sin\alpha = \frac{u}{\sqrt{u^2 + b^2}}, \quad \cos\alpha = \frac{b}{\sqrt{u^2 + b^2}}
$$

确定 (参见例 4.1). 因此

$$
\begin{aligned}
y_{\max} &= \frac{a+c+\sqrt{4b^2 + (a-c)^2}}{2}, \\
y_{\min} &= \frac{a+c-\sqrt{4b^2 + (a-c)^2}}{2}.
\end{aligned}
$$

若 $u = b = 0$, 则 $a = c, y = a = (a+c)/2$, 因此上述两极值重合, 结论仍然有效. 此外, 依根与系数的关系, 可以直接验证 $y_{\max}, y_{\min}$ 正是二次方程 $(t-a)(t-c) = b^2$ 的两个根 (读者补出有关计算). $\qquad\square$

注 本例题另一解法见补充练习题 10.37.

例 4.4 设 $x, y \in (0, \pi), x + y = \alpha$, 其中 $\alpha \in (0, 2\pi)$ 是一个定值. 求 $\sin x + \sin y$ 的极值.

解 由和差化积公式得到

$$
\sin x + \sin y = 2\sin\frac{x+y}{2}\cos\frac{x-y}{2} = 2\sin\frac{\alpha}{2}\cos\frac{x-y}{2}.
$$

注意 $\sin\dfrac{\alpha}{2} > 0$. 因此, 当 $\cos\dfrac{x-y}{2} = 1$ 即 $x = y = \dfrac{\alpha}{2}$ 时, $\sin x + \sin y$ 取极大值 $2\sin\dfrac{\alpha}{2}$.

因为 $x, y \in (0, \pi)$, 所以 $|x - y| \in (0, \pi)$, 从而 $\cos\dfrac{x - y}{2} = \cos\dfrac{|x - y|}{2}$ 在开区间 $(0, \pi/2)$ 上单调减少, 所以 $\sin x + \sin y$ 无极小值.　　□

例 4.5　设 A, B, C 是一个三角形的内角, 求 y 的极大值:

(1)　$y = \sin A \sin B \sin C$.

(2)　$y = \sin A + \sin B + \sin C$.

解　(1)　由 $A + B + C = \pi$ 可知 $A + B = \pi - C$, 所以

$$
\begin{aligned}
y &= \sin A \sin B \sin C \\
&= \frac{1}{2}\big(\cos(A - B) - \cos(A + B)\big)\sin C \\
&= \frac{1}{2}\big(\cos(A - B) + \cos C\big)\sin C \\
&\leqslant \frac{1}{2}(1 + \cos C)\sin C,
\end{aligned}
$$

并且仅当 $A = B$ 时等式成立. 又因为

$$
\begin{aligned}
y^2 &\leqslant \frac{1}{4}(1 + \cos C)^2 \sin^2 C \\
&= \frac{1}{4}(1 + \cos C)^2 (1 - \cos^2 C) \\
&= \frac{1}{4}(1 + \cos C)^2 (1 - \cos C)(1 + \cos C) \\
&= \frac{1}{4}(1 + \cos C)^3 (1 - \cos C) \\
&= \frac{1}{3 \cdot 4}(1 + \cos C)^3 (3 - 3\cos C),
\end{aligned}
$$

并且 $3 - 3\cos C$ 和 $1 + \cos C$ 非负, 所以由 A.-G. 不等式可知

$$
y^2 \leqslant \frac{1}{3 \cdot 4}\left(\frac{3(1 + \cos C) + (3 - 3\cos C)}{4}\right)^4 = \frac{1}{12}\left(\frac{3}{2}\right)^4,
$$

并且仅当 $1 + \cos C = 3 - 3\cos C$ 时等式成立. 由此及 $A = B, A + B + C = \pi$ 推出当 $A = B = C = \pi/3$ (即正三角形) 时等式成立, 此时达到
$$y_{\max} = \sqrt{\frac{1}{12} \cdot \left(\frac{3}{2}\right)^4} = \frac{3\sqrt{3}}{8}.$$

(2) 我们有
$$\begin{aligned}
y &= 2\sin\frac{A+B}{2}\cos\frac{A-B}{2} + \sin(A+B)\\
&\leqslant 2\sin\frac{A+B}{2} + \sin(A+B)\\
&= 2\sin\frac{A+B}{2}\left(1 + \cos\frac{A+B}{2}\right),
\end{aligned}$$

并且当且仅当 $A = B$ 时等式成立. 于是
$$\begin{aligned}
y^2 &\leqslant 4\sin^2\frac{A+B}{2}\left(1 + \cos\frac{A+B}{2}\right)^2\\
&= 4\left(1 - \cos^2\frac{A+B}{2}\right)\left(1 + \cos\frac{A+B}{2}\right)^2\\
&= 4\left(1 - \cos\frac{A+B}{2}\right)\left(1 + \cos\frac{A+B}{2}\right)^3\\
&= \frac{4}{3}\left(3 - 3\cos\frac{A+B}{2}\right)\left(1 + \cos\frac{A+B}{2}\right)^3,
\end{aligned}$$

注意上式右边是正数之积, 所以由 A.–G. 不等式可知
$$\begin{aligned}
y^2 &\leqslant \frac{4}{3}\cdot\frac{1}{4^4}\left(\left(3 - 3\cos\frac{A+B}{2}\right) + 3\left(1 + \cos\frac{A+B}{2}\right)\right)^4\\
&= \frac{4}{3}\cdot\left(\frac{6}{4}\right)^4 = \frac{27}{4},
\end{aligned}$$

并且当且仅当 $3 - 3\cos\frac{A+B}{2} = 1 + \cos\frac{A+B}{2}$ 时等式成立. 由此及 $A = B, A + B + C = \pi$ 推出当 $A = B = C = \pi/3$ (即正三角形) 时等式成立, 此时达到 $y_{\max} = \sqrt{27/4} = 3\sqrt{3}/2$. □

注 1° 本例题 (1) 的另一种解法: 如上述解法, 我们得到

$$\sin A \sin B \sin C = \frac{1}{2}\big(\cos(A-B) + \cos C\big)\sin C.$$

由此可见, 若 C 固定, 则上式右边当 $A = B$ 时极大; 类似地, 若 B(或 A) 固定, 可得到相应的结论. 因此, 若所求的极大值存在 (实际上这个极大值确实存在), 则只能当 $A = B = C$ 时达到. 当 $A = B = C$(正三角形) 时, $\sin A \sin B \sin C = (\sqrt{3}/2)^3 = 3\sqrt{3}/8$. 对于任何非正三角形, 因为不符合上述达到极大值的必要条件, 所以对应的 $\sin A \sin B \sin C$ 的值不可能大于 $3\sqrt{3}/8$. 在三角形集合中正三角形是唯一存在的 (不区别互相相似的三角形), 所以所求的极大值为 $3\sqrt{3}/8$(当 $A = B = C$ 时达到).

同样, 对于本例题 (2), 也可首先应用和差化积公式得到

$$\sin A + \sin B + \sin C = \sin A + 2\cos\frac{A}{2}\cos\frac{B-C}{2},$$

然后采用与上面类似的推理 (细节留待读者).

注意: 这种推理实际上是默认了所求的极值是存在的. 幸好, 对于这两个例子, 可以严格证明极值的存在性 (但进一步的讨论超出本书的范围).

注 2° 应用数学归纳法可以证明: 若 $\alpha_1, \alpha_2, \cdots, \alpha_n \in [0,\pi]$, 则

$$\sin\alpha_1 + \sin\alpha_2 + \cdots + \sin\alpha_n \leqslant n\sin\frac{\alpha_1 + \alpha_2 + \cdots + \alpha_n}{n},$$
$$\sin\alpha_1 \sin\alpha_2 \cdots \sin\alpha_n \leqslant \sin^n\frac{\alpha_1 + \alpha_2 + \cdots + \alpha_n}{n},$$

并且当且仅当 $\alpha_1 = \alpha_2 = \cdots = \alpha_n$ 时等式成立. 据此取 $n = 3$ 立得上述结果.

类似地, 还可证明: 若 $\alpha_1, \alpha_2, \cdots, \alpha_n \in [-\pi/2, \pi/2]$, 则

$$\cos\alpha_1 + \cos\alpha_2 + \cdots + \cos\alpha_n \leqslant n\cos\frac{\alpha_1 + \alpha_2 + \cdots + \alpha_n}{n},$$

$$\cos\alpha_1 \cos\alpha_2 \cdots \cos\alpha_n \leqslant \cos^n\frac{\alpha_1 + \alpha_2 + \cdots + \alpha_n}{n},$$

并且当且仅当 $\alpha_1 = \alpha_2 = \cdots = \alpha_n$ 时等式成立.

这一类不等式都是关于凸函数的琴生 (Jensen) 不等式的推论 (本书不介绍琴生不等式, 对此感兴趣的读者可参阅《数林外传系列》之《凸函数与琴生不等式》(黄宣国, 2014, 中国科学技术大学出版社)).

例 4.6 设 A, B, C 是一个三角形的内角, 求 $y = \cot^2 A + \cot^2 B + \cot^2 C$ 的极小值.

解 注意: 若 $\alpha, \beta \in \mathbb{R}$, 则 $(\alpha - \beta)^2 \geqslant 0$, 从而 $\alpha^2 + \beta^2 \geqslant 2\alpha\beta$, 并且等式当且仅当 $\alpha = \beta$ 时成立. 将 y 改写为

$$y = \frac{1}{2}\big((\cot^2 A + \cot^2 B) + (\cot^2 B + \cot^2 C) + (\cot^2 C + \cot^2 A)\big),$$

立得

$$\begin{aligned}
y &\geqslant \frac{1}{2}(2\cot A\cot B + 2\cot B\cot C + 2\cot C\cot A) \\
&= \frac{1}{\tan A\tan B} + \frac{1}{\tan B\tan C} + \frac{1}{\tan C\tan A} \\
&= \frac{\tan A + \tan B + \tan C}{\tan A\tan B\tan C},
\end{aligned}$$

其中等式仅当 $\cot A = \cot B = \cot C$, 即 $A = B = C$ 时成立. 又由正切加法公式

$$\tan(A + B + C) = \frac{\tan A + \tan B + \tan C - \tan A\tan B\tan C}{1 - \tan A\tan B - \tan B\tan C - \tan C\tan A}$$

及 $A+B+C=\pi$ 可知 $\tan A+\tan B+\tan C=\tan A\tan B\tan C$, 因此 $y\geqslant 1$, 并且等式仅当 $A=B=C$(即正三角形) 时成立, 此时达到 $y_{\min}=1$. □

练习题 4

4.1 求下列各式的极值:

(1) $y=|\sqrt{3}\sin x+\cos x|$.

(2) $y=3+4\sin x-4\cos^2 x$.

(3) $y=\cos x+\cos 2x$.

(4) $y=1+\sin x+\cos x+\sin x\cos x$.

(5) $y=\sin^2 x+4\sin x\cos x+5\cos^2 x$.

(6) $y=\sin x+\cos x\cot x+\csc x\,(0°<x<90°)$.

4.2 设 $\pi/6\leqslant x\leqslant \pi/3$, 求 y 的极值:

$$y=\frac{\tan x-\sin^2 x}{\tan x+\sin^2 x}.$$

4.3 (1) 设 x,y 是锐角, $x+y=\alpha$ 是定值, 求 $\cos x+\cos y$ 的极大值.

(2) 设 $x+y=\alpha$ 是定值, 求 $\sin x\sin y$ 的极大值.

(3) 设 $x+y=\alpha$ 是定值, $0<x,y,\alpha<\pi/2$, 求 $\tan x\tan y$ 的极大值.

4.4 对于 $\triangle ABC$, 求:

(1) $\cos A\cos B\cos C$ 的极大值.

(2) $\cos A + \cos B + \cos C$ 的极大值.

(3) $\csc A + \csc B + \csc C$ 的极小值.

(4) $\tan A(\cot B + \cot C) + \tan B(\cot C + \cot A) + \tan C(\cot A + \cot B)$ 的极小值.

4.5 求 y 的极值:

(1) $y = \sqrt{a^2\cos^2 x + b^2\sin^2 x} + \sqrt{a^2\sin^2 x + b^2\cos^2 x}$ $(a \neq b)$.

(2) $y = \dfrac{\sin x \cos x}{1 + \sin x + \cos x}$.

(3) $y = \sec x + \csc x \,(0 < x < \pi/2)$.

(4) $y = 2\sin 2x - \cot \dfrac{x}{2} \,(0 < x < \pi/2)$.

(5) $y = \dfrac{1 - \tan^2(45° - x)}{1 + \tan^2(45° - x)} \,(0° \leqslant x \leqslant 90°)$.

(6) $y = \lambda \sin(ax + b)\cos(ax + c) \,(\lambda, a, b, c$ 为常数, $\lambda \neq 0)$.

4.6 设 a 是常数, $0 < a < 1$. 令

$$y = \frac{a(\cos x + a)}{2a\cos x + a^2 + 1}.$$

分别求 y 在 $\mathbb{R}$ 上及区间 $[0, \pi/2]$ 上的极值.

4.7 求函数 y 的极大值:

(1) $y = \sin x \sin 2x$.

(2) $y = \sin x \cos 2x$.

(3) $y = \dfrac{\csc^2 x - \tan^2 x}{\cot^2 x + \tan^2 x - 1}$.

(4) $y = 1 - 4\cos^2 x - \sec^2 x$.

(5) $y = \cos^3 x \sin x \,(0 < x < \pi/2)$.

(6) $y = ab(\sin^4 x + \cos^4 x) + (a^2 + b^2)\sin^2 x \cos^2 x \, (a, b > 0, a \neq b)$.

4.8 求函数 $f(x)$ 的极值:

(1) $f(x) = (\sin x + 1)(\cos x + 1)$.

(2) $f(x) = (6 - \sin x)(2 + \sin x)$.

4.9 (1) 设 a, b 是任意实数, $y = a\sin^2 x + b\cos^2 x$. 证明:

$$y_{\max} = \max\{a, b\}, \quad y_{\min} = \min\{a, b\}.$$

(2) 若 $\alpha + \beta = 2\pi/3$, 求 $y = \cos^2 \alpha + \cos^2 \beta$ 的极值.

4.10 对于 $\triangle ABC$, 求 $\sin 3A + \sin 3B + \sin 3C$ 的极大值.

5　一些初等几何极值问题的直接解法

初等几何极值问题的一般解题过程是: 首先基于图形的几何性质和其他有关条件, 确立图形中一些未知量与已知量之间的相依关系, 建立函数表达式, 然后借助求极值的代数方法 (例如前面几节中的方法) 或其他方法求出所要的极值. 前面各节的例题和练习题中已经见到代数方法对几何极值问题的一些应用, 本节着重介绍一些 "非代数" 方法, 即主要通过几何图形本身隐含的 "极值性质" 给出所求的 "极值图形". 在这里, 作图可能取代计算作为主要角色. 我们姑且将这类方法称做 "直接方法" (虽然不够确切).

常见的几何图形的 "极值性质", 如:(1) 两点间的连线以连接它们的线段为最短.(2) 直线外一点与直线上各点间的距离以由这点所作的直线的垂线段为最短.(3) 平面外一点与平面上各点间的距离以由这点所作的平面的垂线段为最短. (4) 在圆中, 直径是最长的弦.

例 5.1　如图 5.1 所示, P, Q 是直线 l 外同侧两点, 求直线 l 上一点 J_0, 使得 $PJ_0 + QJ_0$ 极小.

解　几何解法 (轴对称). 以直线 l 为对称轴, 作点 P 的对称点 P',

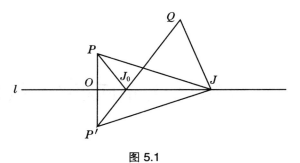

图 5.1

连接点 P' 和 Q. 那么 $P'Q$ 与 l 的交点 J_0 就是所求的点. 这是因为: 对于 l 上任意一点 J(不与点 J_0 重合), 由对称性可知

$$PJ_0 + QJ_0 = P'J_0 + QJ_0 = P'Q,$$

$$PJ + QJ = P'J + QJ,$$

其中 $P'J + QJ$ 是折线的长, 大于线段 $P'Q$ 之长, 所以 $PJ_0 + QJ_0 < PJ + QJ$. □

注 代数解法. 取 l 为 X 轴, O(点 P 在 l 上的正投影) 为原点, 建立直角坐标系. 记点 P 的坐标为 $(0, h_1)$, 点 Q 的坐标为 (q, h_2), 所求 "极值点" J 的坐标是 $(x, 0)$. 那么问题归结为求函数

$$f(x) = \sqrt{x^2 + h_1^2} + \sqrt{(x-q)^2 + h_2^2}$$

取得极小值时 x_0 的值. 上述作图过程提示我们只用求直线 $P'Q$ 与 X 轴的交点的 X 坐标. 直线 $P'Q$ 的方程是

$$\frac{x-q}{y-h_2} = \frac{0-q}{-h_1-h_2},$$

令 $y = 0$, 即得

$$x = x_0 = \frac{qh_1}{h_1 + h_2}.$$

例 5.2 直线 a 平行于直线 b, 点 P 和点 Q 分别在这组平行线两侧 (如图 5.2 所示), 直线 l 与此二直线相交. 在 a 和 b 上分别求一点 A_0 和 B_0, 使得 A_0B_0 平行于 l, 并且 $PA_0 + A_0B_0 + B_0Q$ 最短.

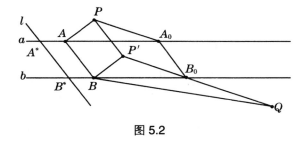

图 5.2

解 几何解法 (平移). 设 l 分别与直线 a 和 b 交于 A^* 和 B^*. 将点 P 和直线 a 组成的图形按向量 $\overrightarrow{A^*B^*}$ 平移, 那么直线 a 与直线 b 重合, 点 P 移到点 P' 位置. 连接 $P'Q$, 它与直线 b 的交点就是所求的点 B_0, 将 B_0 按向量 $\overrightarrow{B^*A^*}$ 平移, 则得到所求的直线 a 上的点 A_0.

证明: 在直线 a 上任取点 A(异于 A_0), 将它按向量 $\overrightarrow{A^*B^*}$ 平移得到直线 b 上的点 B. 那么

$$PA_0 + A_0B_0 + B_0Q = P'B_0 + A_0B_0 + B_0Q = A_0B_0 + P'Q,$$

$$PA + AB + BQ = P'B + AB + BQ = AB + (P'B + BQ).$$

因为 $AB = A_0B_0, P'Q < P'B + BQ$, 所以 $PA_0 + A_0B_0 + B_0Q < PA + AB + BQ$. □

注 代数解法. 以直线 b 为 X 轴 (正向向右), b 的过点 P 的垂线为 Y 轴 (取其正向向上使构成右手系). 设向量 $\overrightarrow{A^*B^*}$ 与 X 轴 (正向) 的夹角为 θ, 其长度为 r, 点 P 和 Q 与直线 b 的距离分别是 p 和 q, 那么 P, P', Q 的坐标分别为 $(0, p), (r\cos\theta, p + r\sin\theta), (s, -q)$ (此处 s 应视作已知). 于是直线 $P'Q$ 的方程是

$$\frac{x - r\cos\theta}{y - p - r\sin\theta} = \frac{r\cos\theta - s}{p + r\sin\theta + q}.$$

上述作图过程提示我们, 在此方程中令 $y = 0$ 可得 B_0 的坐标

$$(\xi, \eta) = \left(\frac{r(q\cos\theta + s\sin\theta) + sp}{r\sin\theta + p + q}, 0 \right),$$

按平移法则, A_0 的坐标是 $(\xi - r\cos\theta, \eta - r\sin\theta)$. 特别, 当直线 l 与平行线垂直时, $\theta = -\pi/2$, 得到 B_0 的坐标 $(s(p-r)/(p+q-r), 0)$, A_0 的坐标 $(s(p-r)/(p+q-r), r)$ (这也可直接算出).

例 5.3 求底边 $BC = a$ 和顶角 $A = \alpha$ 是定值的具有最大面积的 $\triangle ABC$.

解 几何解法. 作以 BC 为底边且所含圆周角为 α 的弓形. 那么以 BC 为底边、弓形弧上任意一点 (B, C 除外) 为顶点的三角形, 其顶角都等于 α. 在这些三角形中, 以弓形弧的中点作为顶点 A 的三角形 (即等腰三角形) 底边上的高最大, 因而具有最大面积. □

注 1° 代数解法. $\triangle ABC$ 的面积

$$\Delta = \frac{a^2 \sin B \sin C}{2\sin A} = \frac{a^2}{2\sin\alpha} \cdot \sin B \sin C.$$

依题设, $B + C = \pi - \alpha$ 是定值, 由练习题 4.3(2) 可知当 $B = C$ 时

$\sin B \sin C$ 有极大值 $\sin^2 \dfrac{\pi - \alpha}{2} = \cos^2 \dfrac{\alpha}{2}$. 因此

$$\Delta_{\max} = \frac{a^2 \cos^2 \dfrac{\alpha}{2}}{2\sin\alpha} = \frac{a^2}{4} \cot \frac{\alpha}{2}.$$

当然, 对于底边为 a、顶角为 α 的等腰三角形, 这个面积公式容易直接推出.

注 $2°$ 我们来证明 (而不是凭借直观): 弓形弧的中点到弓形底边的距离是弓形弧上各点到弓形底边距离 l 的最大值. 事实上, 设圆半径为 r, 圆心在弓形内部 (在弓形外部时证明类似). 过圆心作弓形底边的平行线, 设它们间的距离是 u, 那么由一个圆中直径是最长的弦可知 $2(l - u) \leqslant 2r$, 于是 $l \leqslant r + u$. 而 $r + u$ 正是弓形弧的中点到弓形底边的距离.

例 5.4 如图 5.3 所示直线 l 在平面 α 上, 线段 MN 垂直于平面 α(点 N 是垂足). 求 l 上对线段 MN 张角最大的点.

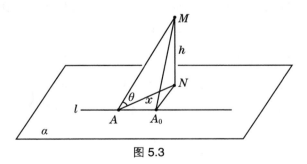

图 5.3

解 几何解法. 在平面 α 上过 N 作直线 l 的垂线 NA_0(点 A_0 是垂足), 那么 A_0 就是所求的点. 为证明此结论, 在 l 上任意取另外一点 A, 连接 MA_0, MA 和 NA. 依三垂线定理, 线段 $MA_0 \perp l$, 所

以 $NA > NA_0$. 如果将两个直角三角形 MNA_0 和 MNA 重迭 (如图 5.4 所示), 那么点 A_0 位于点 A, N 之间, 因此依三角形外角性质可知 $\angle MAN < \angle MA_0N$. □

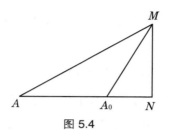

图 5.4

注 代数解法. 设 $MN = h$, 点 N 与直线 l 上任意一点 A 的距离是 x, 点 A 对线段 MN 的张角 $\angle MAN = \theta$, 那么 $\theta \in (0, \pi/2), \tan\theta = h/x$. 当 x 最小时 θ 最大. 因此极值点是过 N 作直线 l 的垂线的垂足 A_0.

例 5.5 在 $\angle MON$ 的内部给定一点 P, 试过 P 作一条直线, 从 $\angle MON$ 截出一个面积最小的三角形.

解 几何解法 (见图 5.5). 设点 P 与角两边的距离中与 ON 的距离较小. 作 ON 的平行线 A_0C, 使它们间的距离是 P 与 ON 的距离的 2 倍. 设 A_0C 与 OM 交于 A_0. 过 A_0 和 P 作直线交 ON 于点 B_0.

或者: 过 P 作直线与 OM 平行, 交 ON 于 Q. 在 ON 上取点 B_0, 使得 $QB_0 = QO$. 过 B_0 和 P 作直线交 OM 于点 A_0, 则 $\triangle OA_0B_0$ 即为所求的面积最小的三角形 (此时 P 是 A_0B_0 的中点).

证明如下: 过 P 任作另一条直线与 OM 和 ON 分别交于 A 和 B. 因为二直线 AB 和 A_0B_0 的交点在 $\angle MON$ 内部, 所以 A, B 不可

能同时在 OA_0 和 OB_0 内部, 不妨设 A 在线段 OA_0 的延长线上, 那么 B 在线段 OB_0 上. $\triangle OAB$ 和 $\triangle OA_0B_0$ 以四边形 OA_0PB 为公共部分, $\triangle PBB_0 \cong \triangle PDA_0$(此处 D 是 A_0C 与 AB 的交点), 而 $\triangle PA_0A$ 覆盖了 $\triangle PDA_0$, 所以 $\triangle OAB$ 的面积大于 $\triangle OA_0B_0$ 的面积. □

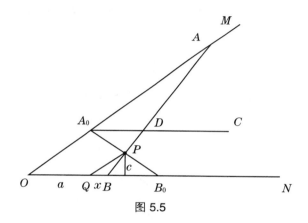

图 5.5

注 代数解法 **1** (见图 5.5). 设 $OQ = a, QB = x, P$ 与 ON 之间的距离等于 c. 因为 $\triangle BPQ \sim \triangle BAO$, 它们的相似比等于 $x/(a+x)$, 所以它们的面积比等于 $\left(x/(a+x)\right)^2$. 显然 $\triangle BPQ$ 的面积等于 $xc/2$, 从而 $\triangle BAO$ 的面积

$$S = \left(\frac{a+x}{x}\right)^2 \cdot \frac{xc}{2} = \frac{c}{2} \cdot \frac{(a+x)^2}{x}.$$

因为

$$\frac{(a+x)^2}{x} = \frac{a^2}{x} + 2a + x = 2a + \left(\frac{a^2}{x} + x\right),$$

所以由例 3.1(2) 推出: 当 $a^2/x = x$, 即 $x = a$ 时 (此时 B 取 B_0 位置)S 极小, 此时得到面积最小的 $\triangle OA_0B_0$, 其面积等于 $2ac$.

代数解法 2(见图 5.6). 设 PQ, a, x 同代数解法 1. 还设 PR 与 NO 平行, 交 OM 于 R. 令 $OR = b, AR = y$. 那么 $\triangle BAO$ 的面积

$$S = \frac{1}{2}(a+x)(b+y)\sin\angle MON,$$

只需使 $f = (a+x)(b+y)$ 极小. 由 $\triangle ARP \sim \triangle PQB$ 可知 $y = ab/x$, 于是

$$f = 2ab + b\left(x + \frac{a^2}{x}\right).$$

可见当 $x = a$(从而 P 是 AB 的中点) 时 S 最小.

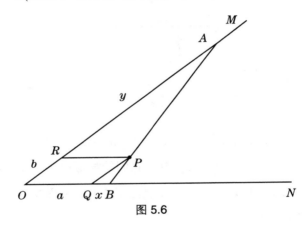

图 5.6

练习题 5

5.1 设 $\triangle ABC$ 是给定的锐角三角形.

(1) 若 P 是边 BC 上给定的点, 在边 AB 和 AC 上各求一点 Q 和 R, 使 $\triangle PQR$ 是周长最小的内接三角形.

(2) 若 P, Q 是边 BC 上给定的点 (排列顺序是 B, P, Q, C), 在边 AB 和 AC 上各求一点 M 和 N, 使四边形 $PMNQ$ 的周长最小.

5.2 二圆 O 和 O' 相交, 过它们的一个交点 M 作直线 l 与二圆相交, 使得被它们截得的线段最长.

5.3 同例 5.2, 但将最后的要求改为: 使得 PA_0 与 QB_0 的长度之差 (的绝对值) 最小.

5.4 已知 A, B 是 $\angle MON$ 的边 OM 上两个定点. 在边 ON 上求一点 P, 使得它对线段 AB 的张角 $\angle APB$ 最大.

5.5 设给定一个弓形, 其弦 (底边) 是 AB.

(1) 在 AB 上给定两点 M, N. 在弓形弧上求一点 P, 使得 $\angle MPN$ 最大.

(2) 在弓形弧上求一点 Q, 使得 $AQ + BQ$ 最大.

5.6 求 $\triangle ABC$ 的面积最大的内接平行四边形 $PBQR$, 其中点 P, Q, R 分别在边 BC, AB, AC 上.

5.7 已知 P 是 $\angle MON$ 内部一个定点. 求过 P 点的一条直线 l, 使得 l 从 $\angle MON$ 截得的 $\triangle AOB$ 具有最小的周长.

5.8 $\triangle ABC$ 中, $AB > AC$, 点 P 在边 BC 上, M 和 N 分别是 P 关于 AB 和 AC 的对称点. 求使 $\triangle AMN$ 面积最大和最小的位置.

5.9 (1) 设直线 l 与圆 O 不相交, 在 l 上求一点 P 使得 P 到圆 O 的切线长最短.

(2) 设 A, B 是圆 O 内的两个定点, P 是圆上任意一点, 直线 PA, PB 分别与圆交于点 C, D. 问何时 CD 最长?

5.10 已知圆 O 内含于圆 O_1, 但二圆不是同心圆. 求圆 O_1 上的

点 A 和 A_1, 使得 A 对于圆 O 的视角 (即点 A 到圆 O 的两条切线间的夹角) 最小, A_1 对于圆 O 的视角最大.

5.11 (1) 设 AB 是圆 O 的一条位置固定的弦, P 在圆周上运动. 分别求 P 的位置, 使得 $\triangle PAB$ 的边 PB 的中线 AD 长度最大和最小.

(2) 在 $\triangle ABC$ 中, 底边 BC 固定, $\angle A$ 大小不变, 但 A 的位置变化, 问何时 $\angle A$ 的平分线 AD 的长度最大?

5.12 设 $\angle AOB$ 是给定角 (小于 $180°$), 在边 OA 和 OB 上各求一点 M 和 N, 使得 MN 有给定的长度 a, 并且 $\triangle MON$ 具有最大面积.

5.13 已知平面 α, β 的交线是 l, 点 A, B 分别在 α, β 上. 在 l 上求一点 J, 使得 $AJ + BJ$ 最小.

5.14 已知空间中两点 A, B 在平面 α 的同侧, 在平面 α 上求一点 J, 使得 $AJ + BJ$ 最小.

6 二元一次函数条件极值问题的图像解法

有一些实际问题归结为多元一次函数 $f(x_1, x_2, \cdots, x_n) = a_1 x_1 + a_2 x_2 + \cdots + a_n x_n$（其中 $n \geqslant 2$, 系数 a_i 是不全为零的实数）的条件极值问题, 约束条件是变量 $x_1, x_2, \cdots, x_n$ 同时使得某些多元一次函数 $\sigma_j(x_1, x_2, \cdots, x_n)$ 值的符号保持不变, 即 $\sigma_j(x_1, x_2, \cdots, x_n) \geqslant 0$, 或者 $\leqslant 0$. 这是一类线性规划问题. 在此, 我们只讨论 $n = 2$ 的情形.

在平面直角坐标系中, 函数 $y = kx + b$ 的图像是一条直线. 直线方程的一般形式是 $ax + by + c = 0$（a, b 不同时为零）. 我们有下列基本事实:

1° 在平面直角坐标系中, 任何一条直线 $ax + by + c = 0$ 将坐标平面分为两部分 (不含边界). 对于直线上的任何一点 (x, y) 都有 $ax + by + c = 0$. 对于在同一部分的点 $(x, y), ax + by + c$ 保持相同的符号; 对于分属不同部分的两点 (x_1, y_1) 和 $(x_2, y_2), ax_1 + by_1 + c$ 与 $ax_2 + by_2 + c$ 有相反的符号. 因此, 其中一个部分的所有点 (x, y) 满足不等式 $ax + by + c > 0$, 另一个部分的所有点 (x, y) 满足不等式

$ax + by + c < 0$.

为确定在各个部分上 $ax + by + c$ 的符号, 可适当选取属于该部分的某个点 $(\overline{x}, \overline{y})$ 计算 $a\overline{x} + b\overline{y} + c$. 特别, 当 $(0,0)$ 含在其中时, 可取它进行判断.

2° 当实数 k 变化时, $ax + by = k$ 是一组平行线 (即它们的斜率相同), 它们的 X 截距 k/a(以及 Y 截距 k/b) 单调变化.

我们通过几何直观来说明 1° 中的结论. 对于直线 $x = 0$ 或 $y = 0$ 结论显然正确. 考虑一般情形 (参见图 6.1). 不妨认为 $a > 0$(不然考虑 $-ax - by - c = 0$). 直线 $L : ax + by + c = 0$ 将坐标平面划分为两部分 (称 X 轴正向所指部分为右半平面, 另一部分称左半平面). 设 $P_0(x_0, y_0)$

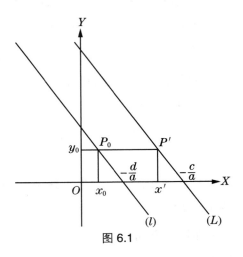

图 6.1

是其中 (例如) 左半部分中任意一点, $P'(x', y_0)$ 是直线 L 上纵坐标为 y_0 的点, 那么 $x_0 < x'$. 于是 $ax_0 + by_0 + c < ax' + by_0 + c = 0$.(或者: 过 P_0 作 L 的平行线 $l : ax + by + d = 0$, 那么 $ax_0 + by_0 + d = 0$. 直线

l 的 X 截距 $-d/a$ 小于直线 L 的 X 截距 $-c/a$, 因此 $d > c$. 于是 $ax_0 + by_0 + c = ax_0 + by_0 + d + (c - d) = c - d < 0$.)因为 P_0 是左半部分的任意一点, 所以在左半部分上, $ax + by + c$ 取负号. 类似地, 在右半部分上, $ax + by + c$ 取正号.

例6.1　求一次函数 $f(x, y) = 7x + 5y$ 在下列约束条件下的极值:

$$\begin{cases} 0 \leqslant x \leqslant 6, \\ 0 \leqslant y \leqslant 5, \\ 2x + 3y \leqslant 19, \\ 2x + y \leqslant 13. \end{cases}$$

解　依据约束条件, 我们分别画出有关直线 (如图 6.2 所示):

$$(1): \quad x = 0,$$

$$(2): \quad y = 0,$$

$$(3): \quad 2x + 3y = 19,$$

$$(4): \quad 2x + y = 13,$$

$$(5): \quad x = 6,$$

$$(6): \quad y = 5.$$

那么通过检验可知它们围成的凸 6 边形 (包含边界)$\mathscr{D}$ 就是函数 $f(x, y) = 7x + 5y$ 的自变量取值范围.

依据题中给定的函数, 我们作平行线族

$$7x + 5y = k \quad (k \in \mathbb{R}),$$

当族中直线与凸 6 边形 $\mathscr{D}$ 相交时, 得到直线上的线段 NM(端点 M, N 是它与 $\mathscr{D}$ 的边界的交点; 特殊情形, 端点重合为一个点), MN

上任何一点的坐标都确定实数 k, 即当 (x,y) 在 MN 上取值时, 总有 $f(x,y)=k$. 问题归结为: 在这族直线中找出两条, 使对应的 k 值分别达到极大和极小. 从图中看出: 沿着 X 轴的正向, 这些直线的 X 截距 $k/7$ 单调增加. 当直线经过点 $O(0,0)$ 时, k 值极小; 当直线经过点 Q 时, k 值极大. Q 是直线 (3) 和 (4) 的交点, 解方程组

$$\begin{cases} 2x+3y=19, \\ 2x+y=13, \end{cases}$$

可知 Q 的坐标是 $(5,3)$. 因此 $f_{\max}=f(5,3)=50; f_{\min}=f(0,0)=0.$ □

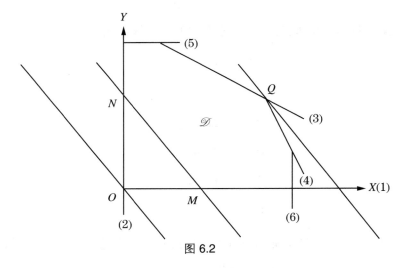

图 6.2

注　由上面的解法可知, 也可算出 $f(x,y)$ 在多边形的各个顶点上的值, 将它们加以比较, 求出函数极值.

例 6.2　设有两种溶液甲和乙, 溶液甲含 3% 物质 α 和 1% 物质 β; 溶液乙含 1% 物质 α 和 1% 物质 β. 要求将它们各取一定的量混合, 使得混合液含有不低于 6 g 物质 α 和不低于 4 g 物质 β. 已知溶液甲

和乙的单价分别为 5 元/g 和 4 元/g. 问各取多少 g 溶液甲和乙使得混合液满足要求, 且花费最少?

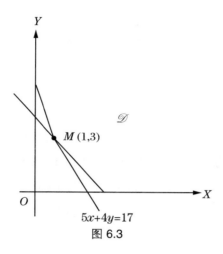

图 6.3

解 设取 $p\,\mathrm{g}$ 溶液甲和 $q\,\mathrm{g}$ 溶液乙, 那么依要求有

$$3\% \cdot p + 1\% \cdot q \geqslant 6,$$

$$1\% \cdot p + 1\% \cdot q \geqslant 4.$$

混合液的花费是

$$z = 5p + 4q.$$

令 $p = 100x, q = 100y$, 则上式化为

$$5x + 4y = \frac{z}{100}.$$

令 $f(x, y) = z/100$, 于是问题归结为在约束条件

$$\begin{cases} x \geqslant 0, \\ y \geqslant 0, \\ 3x + y \geqslant 6, \\ x + y \geqslant 4. \end{cases}$$

之下, 求下列函数的最小值:

$$f(x,y) = 5x + 4y.$$

画出约束条件中相应的直线, 经检验可知, 满足约束条件的点 (x,y) 形成一个无穷凸多边形 $\mathscr{D}$ (包括位于 X 轴和 Y 轴上的边界). 于是类似于例 6.1, 平行直线族 $5x + 4y = l$ 中, 经过凸多边形顶点 $M(1,3)$ 的直线给出 $f_{\min} = 5 \cdot 1 + 4 \cdot 3 = 17$. 因此, 溶液甲和乙的质量分别为 100 g 和 300 g 时, 花费最小 (费用是 1700 元).　　　　□

注　如果只取 400 g 溶液甲, 或只取 600 g 溶液乙, 那么溶液所含两种物质都符合要求, 但花费分别为 2000 元和 2400 元.

例 6.3　有一根长为 4000(mm) 的钢材, 要截成 698(mm) 和 518(mm) 的两种毛坯, 应如何下料钢材利用率最大?

解　设非负整数 x, y 分别表示 518(mm) 和 698(mm) 的两种毛坯的根数. 那么问题归结为在约束条件

$$\begin{cases} x \geqslant 0, \\ y \geqslant 0, \\ x, y \in \mathbb{Z}, \\ 518x + 698y \leqslant 4000 \end{cases}$$

之下, 求

$$f(x,y) = 518x + 698y$$

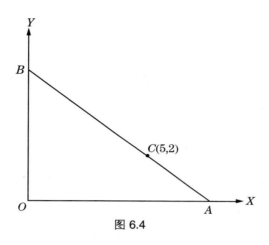

图 6.4

的极大值.

　　为此建立直角坐标系, X 轴每单位表示 $518(\text{mm})$, Y 轴每单位表示 $698(\text{mm})$. 将约束条件 $518x + 698y \leqslant 4000$ 改写为

$$y \leqslant -\frac{518}{698}x + \frac{4000}{698}.$$

对应的直线的 X 截距

$$A_x = \frac{4000}{518} \approx 7.7,$$

Y 截距

$$B_y = \frac{4000}{698} \approx 5.7,$$

由此画出 (近似地) 线段 AB. 于是只有 $\triangle OAB$(包括边界) 中的整点 (即坐标为整数的点) 满足约束条件. 找出线段 AB 上的所有整点 (若其上没有整点, 则找出 $\triangle OAB$ 中所有最靠近线段 AB 的整点). 每个整点对应一种截法, 据此逐一算出钢材利用率, 可知点 $C(5,2)$ 给出最

大的钢材利用率

$$\frac{5 \cdot 518 + 2 \cdot 698}{4000} = 99.65\%.$$

因此我们应当截 2 根 698(mm) 和 5 根 518(mm) 的毛坯.　　　　□

　　上面的解题思路也可用于某些一次函数的条件极值问题, 其中变量取值范围不是凸多边形, 而是一般的 "凸集" ("凸形"). 平面上的凸集是指这样的点集: 连接点集中任何两点的线段上的所有点都属于这个点集. 例如凸多边形, 圆 (盘), 椭圆 (盘), 抛物线围成的无限区域, 等等, 都是平面凸集.

　　例 6.4　设 $ab \neq 0$, 求 $f(x,y) = ax + by$ 的极值, 其中 x,y 满足条件 $x^2 + y^2 = 1$.

　　解　方程 $x^2 + y^2 = 1$ 表示圆心在原点的单位圆, $ax + by = k$ 表示直线. 当直线与圆有公共点 (相交或相切) 时, 公共点的坐标确定 k 的值. 若 k 取不同实数值, 则 $ax + by = k$ 表示一族平行线, 我们要从中找出两条直线, 它们分别给出 k 的极大值和极小值. 因为直线的 X 截距 k/a 单调变化, 所以这两条直线就是圆的两条互相平行的切线 (读者可画草图). 为求切线方程, 我们从

$$x^2 + y^2 = 1, \quad ax + by = k$$

中消去 y, 即由直线方程解出 $y = (k - ax)/b$, 代入圆的方程得到

$$x^2 + \left(\frac{k - ax}{b}\right)^2 = 1,$$

化简后可知 x 满足二次方程

$$(a^2 + b^2)x^2 - 2akx + (k^2 - b^2) = 0.$$

由于直线与圆相切 (也就是两个交点重合), 所以上述方程有相等实根, 从而其判别式

$$\Delta = (-2ak)^2 - 4(a^2 + b^2)(k^2 - b^2) = 0.$$

由此解出

$$k = \pm\sqrt{a^2 + b^2},$$

进而求出切点坐标 (应用二次方程求根公式, 注意 $\Delta = 0$):

$$x = \frac{2ak}{2(a^2 + b^2)} = \frac{\pm 2a\sqrt{a^2 + b^2}}{2(a^2 + b^2)} = \pm\frac{a}{\sqrt{a^2 + b^2}},$$
$$y = \frac{k - ax_0}{b} = \pm\frac{b}{\sqrt{a^2 + b^2}}$$

(其中 x, y 同时取 $+$ 或 $-$). 因此

$$f_{\max} = f\left(\frac{a}{\sqrt{a^2 + b^2}}, \frac{b}{\sqrt{a^2 + b^2}}\right) = \sqrt{a^2 + b^2},$$
$$f_{\min} = f\left(-\frac{a}{\sqrt{a^2 + b^2}}, -\frac{b}{\sqrt{a^2 + b^2}}\right) = -\sqrt{a^2 + b^2}. \qquad \square$$

注 本例题另二解法可参见例 9.11 的解法 2 和解法 3(在其中取 $u = v = 1$).

练习题 6

6.1 画出平面区域:

(1) $2 \leqslant x \leqslant 3$.

(2) $-1 \leqslant y \leqslant 1$.

(3) $\begin{cases} x+y-1 \geqslant 0, \\ -x-y+2 \geqslant 0. \end{cases}$

(4) $\begin{cases} x+y-1 \leqslant 0, \\ -x-y+2 \geqslant 0. \end{cases}$

(5) $\begin{cases} x+y-1 \geqslant 0, \\ -x-y+2 \leqslant 0. \end{cases}$

(6) $\begin{cases} x+y-1 \leqslant 0, \\ -x-y+2 \leqslant 0. \end{cases}$

6.2 为修理某机件, 需购买单价 50(元) 的零件甲和单价 20(元) 的零件乙, 零件乙的件数不得少于零件甲的件数, 但至多是零件甲的件数的 1.5 倍. 如果购买两种零件的预算是 2000(元), 问可买两种零件的总数至多是多少?

6.3 设区域 $\mathscr{D}$ 由直线

$$x - 2y + 5 = 0,$$

$$4x - y - 15 = 0,$$

$$2x + 3y - 11 = 0$$

围成 (含边界), 求 $f = 3x + y$ 在 $\mathscr{D}$ 上的极值.

6.4 求一次函数 $f(x,y) = 222 - 2x - y$ 的极小值, 其中变量 x, y 满足下列条件:

$$\begin{cases} 0 \leqslant x \leqslant 5, \\ 0 \leqslant y \leqslant 4, \\ x+y \leqslant 6, \\ x+4y \geqslant 8. \end{cases}$$

6.5 求一次函数 $f(x,y) = 2x + 3y$ 的极小值, 其中变量 x, y 满足

下列条件:

$$\begin{cases} x \geqslant 1, \\ y \geqslant 0, \\ x + 5y \geqslant 10, \\ 3x + 2y \geqslant 12, \\ x + 2y \geqslant 8, \\ x + y \geqslant 5. \end{cases}$$

6.6 条材长 $4000(\mathrm{mm})$,需要截成 $698(\mathrm{mm})$, $720(\mathrm{mm})$ 和 $510(\mathrm{mm})$ 长的三种毛坯. 求材料利用率最高的截法.

6.7 求 $f(x,y) = 2x + 3y$ 的极值, 其中 x,y 满足条件 $x^2 + y^2 \leqslant 1, |x| \leqslant 1, y \geqslant 0$.

7 某些分式函数和无理函数的极值求法

依函数极值的定义 (见第 1 节), 如果我们求出了函数值域, 那么就可得到函数的极大值或极小值, 或判定函数没有极值. 具体言之, 若变量 x(至少) 有一个值 x_0 使得函数值 $f(x_0)$ 等于 y_0, 即 y_0 属于函数值域, 那么方程

$$f(x) - y_0 = 0$$

在 $\mathbb{R}$ 中至少有一解 x_0. 因此, 若将

$$f(x) - y = 0$$

中的 y 看作以 x 为未知数的方程中的系数, 那么使此方程有实数解的所有 "系数" y 的集合就是函数的值域. 这种方法对于分式函数

$$f(x) = \frac{ax^2 + bx + c}{a'x^2 + b'x + c'} \quad (x \in \mathbb{R})$$

(其中 a, a' 不同时为零) 是容易做到的, 在此, 实系数二次方程的判别式起着重要作用.

例 7.1 设 $x \in \mathbb{R}$, 求函数

$$y = \frac{x^2 - x + 1}{x^2 + x + 1}$$

的极值.

解　因为 $x^2 + x + 1 = (x+1/2)^2 + 3/4 > 0$, 所以函数 y 的定义域是全体实数. 由函数表达式可知

$$y \cdot (x^2 + x + 1) = x^2 - x + 1,$$

整理后得到

$$(y-1)x^2 + (y+1)x + (y-1) = 0.$$

因为当 x 在函数定义域中取值时, y 取确定的实数, 所以上式作为 x 的二次方程应当有实根, 这等价于二次方程的判别式

$$\Delta = (y+1)^2 - 4(y-1)^2 \geqslant 0,$$

也就是

$$(3y-1)(3-y) \geqslant 0.$$

解这个不等式得到

$$\frac{1}{3} \leqslant y \leqslant 3,$$

这表明函数值域是区间 $[1/3, 3]$. 将区间的端点值 $y = 1/3$ 代入方程

$$y = \frac{x^2 - x + 1}{x^2 + x + 1},$$

可求出对应的自变量的值 $x = 1$; 类似地求出与端点值 $y = 3$ 对应的自变量的值 $x = -1$. 因此 $y_{\min} = y(1) = 1/3$, $\quad y_{\max} = y(-1) = 3$.　　□

　　注　本例也可由

$$y = 1 - \frac{2x}{x^2 + x + 1},$$

化为求 $2x/(x^2+x+1)$ 的极值 (方法同上).

例 7.2 求函数

$$y = \frac{4x+3}{x^2+2x+1}$$

的极值.

解 **解法 1** 由函数表达式可知

$$y \cdot (x^2 + 2x + 1) = 4x + 3,$$

整理后得到

$$yx^2 + 2(y-2)x + (y-3) = 0.$$

因为 y 属于函数的值域, 所以上式作为 x 的二次方程应当有实根, 从而方程的判别式

$$\Delta = 4(y-2)^2 - 4y(y-3) \geqslant 0,$$

由此可知 $y \leqslant 4$. 将 $y = 4$ 代入函数表达式, 由

$$4 = \frac{4x+3}{x^2+2x+1}$$

解出对应的自变量的值 $x = -1/2$. 因此 $y_{\max} = y(-1/2) = 4$, 并且没有极小值.

解法 2 设 $x \in \mathbb{R}, x \neq 1$.

(i) 我们有

$$y = \frac{4(x+1)-1}{(x+1)^2} = -\frac{1}{(x+1)^2} + \frac{4}{x+1} = -\left(\frac{1}{x+1} - 2\right)^2 + 4 \leqslant 4,$$

并且当

$$\frac{1}{x+1} = 2$$

即 $x = -1/2$ 时等式成立, 此时取得 $y_{\max} = 4$.

(ii) 因为

$$y = \frac{4}{x+1} - \frac{1}{(x+1)^2} \leqslant \frac{4}{x+1},$$

令 $x = -1 - \delta$, 则

$$y \leqslant -\frac{4}{\delta}.$$

取 $\delta > 0$, 因为 δ 可以任意接近于 0, 所以 y 可以小于任何给定的负数, 可见 y 没有极小值. □

例7.3 求函数

$$y = \frac{x^2 - 2x + 1}{3x^2 - 7x + 2}$$

的极值.

解 **解法 1** 去分母得到

$$(3y - 1)x^2 - (7y - 2)x + (2y - 1) = 0.$$

$x \in \mathbb{R}$ 等价于

$$\Delta = (7y - 2)^2 - 4(3y - 1)(2y - 1) \geqslant 0,$$

即

$$y(25y - 8) \geqslant 0.$$

因此函数的值域是

$$\{y \leqslant 0\} \cup \left\{y \geqslant \frac{8}{25}\right\}.$$

可见 $|y|$ 可以任意大, 所以 y 没有极大值, 也没有极小值.

注 不要忘记, 我们考虑的是"整体极值".

解法 2 当 $x \in \mathbb{R}$ 时,

$$y = \frac{(x-1)^2}{3\left(x - \dfrac{1}{3}\right)(x-2)}.$$

因此 y 的符号由分母决定.

(i) 令 $x = 2 + \delta$, 则

$$y = \frac{(1+\delta)^2}{3\delta\left(\dfrac{5}{3} + \delta\right)}.$$

当 $0 < \delta < 1$ 时, $(1+\delta)^2 > 1, 0 < 5/3 + \delta < 8/3$, 所以

$$0 < 3\delta\left(\frac{5}{3} + \delta\right) < 3\delta \cdot \frac{8}{3} = 8\delta,$$

于是 $y > 1/(8\delta)$. 因为正数 δ 可以任意接近于 0, 所以 $1/(8\delta)$ 的分母是任意接近于 0 的正数, 从而 y 可以大于任何给定的正数, 可见 y 没有极大值.

(ii) 类似地, 令 $x = 1/3 + \sigma$, 则

$$y = \frac{\left(\sigma - \dfrac{2}{3}\right)^2}{3\sigma\left(-\dfrac{5}{3} + \sigma\right)}.$$

当 $0 < \sigma < 1$ 时, $0 \leqslant (\sigma - 2/3)^2 < 4/9, -5/3 < -5/3 + \sigma < -2/3 < 0$, 所以

$$0 > 3\sigma\left(-\frac{5}{3} + \sigma\right) > 3\sigma \cdot \left(-\frac{5}{3}\right) = -5\sigma,$$

于是 $y < -4/(45\sigma)$. 因为正数 σ 可以任意接近于 0, 所以 $-4/(45\sigma)$ 的分母是任意接近于 0 的正数, 从而 y 可以小于任何给定的负数, 可见 y 没有极小值. □

上面应用二次方程判别式的方法也可用来求某些无理函数的极值.

例 7.4 求函数极值:

(1) $y = x + \sqrt{1-x}$.

(2) $y = x - \sqrt{1-x}$.

解 (1) **解法 1** 函数的定义域是 $x \leqslant 1$. 又因为 $y - x = \sqrt{1-x} \geqslant 0$, 所以 $y(x) \geqslant x$.

将 $y - x = \sqrt{1-x}$ 两边平方得到

$$y^2 - 2yx + x^2 = 1 - x,$$

整理后有

$$x^2 + (1 - 2y)x + y^2 - 1 = 0.$$

当 x 取不超过 1 的实数时, y 取确定的实数, 所以上式作为 x 的二次方程应当有实根, 从而

$$\Delta = (1 - 2y)^2 - 4(y^2 - 1) = 5 - 4y \geqslant 0,$$

于是 $y \leqslant 5/4$.

当 $y = 5/4$ 时, 由 $5/4 = x + \sqrt{1-x}$ 解得 $x = 3/4$(它满足 $x \leqslant 1$ 以及 $y(3/4) \geqslant 3/4$). 因此 $y_{\max} = y(3/4) = 5/4$, 并且函数无极小值.

解法 2 将 y 的表达式改写为

$$y = -(1-x) + \sqrt{1-x} + 1 = -\left(\sqrt{1-x} - \frac{1}{2}\right)^2 + \frac{5}{4}.$$

当 $x \leqslant 1$ 时, y 作为 $\sqrt{1-x}$ 的二次三项式, 当

$$\sqrt{1-x} = \frac{1}{2}$$

时取得极大值 $y_{\max} = 5/4$, 相应的自变量值 $x = 3/4$.

又取 $x = -M\,(M > 2)$, 则 $x \leqslant 1$, 并且

$$y = -M + \sqrt{1 + M} \leqslant -M + \sqrt{2M} = -\sqrt{M}(\sqrt{M} - \sqrt{2}).$$

因为正数 M 可以取得任意大, 所以 y 可以小于任何给定的负数, 从而 y 没有极小值.

(2) **解法 1** 函数的定义域是 $x \in \mathbb{R}, x \leqslant 1$. 又因为 $x - y = \sqrt{1 - x} \geqslant 0$, 所以还有 $y(x) \leqslant x$.

将 $x - y = \sqrt{1 - x}$ 两边平方得到 $x^2 - 2yx + y^2 = 1 - x$, 整理得到

$$x^2 + (1 - 2y)x + y^2 - 1 = 0.$$

因为 $x \in \mathbb{R}$ 等价于

$$\Delta = (1 - 2y)^2 - 4(y^2 - 1) = 5 - 4y \geqslant 0,$$

所以 $y \leqslant 5/4$. 结合 $y(x) \leqslant x \leqslant 1$, 可知 $y \leqslant 1$. 由 $1 = x - \sqrt{1 - x}$ 解得 $x = 0$ 或 1, 检验可知 $x = 0$ 是增根, 所以 $x = 1$, 并且 $y_{\max} = y(1) = 1$.

解法 2 当 $x \leqslant 1$ 时, $1 - x \geqslant 0, \sqrt{1 - x} \geqslant 0$, 因此

$$y = -(\sqrt{1 - x})^2 - \sqrt{1 - x} + 1 \leqslant 1,$$

并且等式仅当 $\sqrt{1 - x} = 0$ 时成立. 因此 $y_{\max} = y(1) = 1$.

又取 $x = -M\,(M > 1)$, 则 $x \leqslant 1$, 并且

$$y = -M - \sqrt{1 + M} < -M - \sqrt{2}.$$

因为 M 可以取任意大的正数, 所以 y 可以小于任何给定的实数, 从而 y 没有极小值. □

注 在上面题 (2) 的解法 2 中, 若类似于题 (1) 的解法 2 将 y 的表达式改写为 $\sqrt{1-x}$ 的二次三项式

$$y = -(\sqrt{1-x})^2 - \sqrt{1-x} + 1 = -\left(\sqrt{1-x} + \frac{1}{2}\right)^2 + \frac{5}{4}.$$

那么 $\sqrt{1-x} + 1/2 = 0$ 没有实数解, 因而此方法失效.

例 7.5 求 $y = x + \sqrt{-x^2 + 10x - 23}$ 的极值.

解 (i) 由

$$-x^2 + 10x - 23 \geqslant 0$$

以及

$$y - x = \sqrt{-x^2 + 10x - 23} \geqslant 0$$

得知自变量 x 满足下列两个条件:

$$\begin{cases} 5 - \sqrt{2} \leqslant x \leqslant 5 + \sqrt{2}, \\ y(x) \geqslant x. \end{cases}$$

(ii) 将 $y - x = \sqrt{-x^2 + 10x - 23}$ 两边平方得到

$$2x^2 - 2(y+5)x + (y^2 + 23) = 0.$$

由其判别式

$$\Delta = -4(y^2 - 10y + 21) \geqslant 0$$

得到

$$3 \leqslant y \leqslant 7.$$

将此不等式与步骤 (i) 中得到的条件相结合, 由于 $y \geqslant x$, 而且 x 所在区间为 $[5 - \sqrt{2}, 5 + \sqrt{2}] \subset [3, 7]$, 所以

$$5 - \sqrt{2} \leqslant y \leqslant 7.$$

(iii)　对于端点值 $y = 5 - \sqrt{2}$, 显然它对应于 $x = 5 - \sqrt{2}$(因为步骤 (ii) 中取定 $y = x = 5 - \sqrt{2}$ 作为左端点值), 因此 $y_{\min} = y(5 - \sqrt{2}) = 5 - \sqrt{2}$.

对于端点值 $y = 7$, 由方程

$$7 = x + \sqrt{-x^2 + 10x - 23}$$

求出 $x = 6$(注意, 此值确实满足步骤 (i) 中的两个条件), 因此 $y_{\max} = y(6) = 7$.　□

注 1°　对于上述解法可以作如下进一步的解释: 如果我们不顾条件 $y(x) \geqslant x$, 将端点值 $y = 3$ 代入 $y = x + \sqrt{-x^2 + 10x - 23}$ 得到方程

$$3 = x + \sqrt{-x^2 + 10x - 23},$$

两边平方后得到 $x = 4$. 容易检验它是增根, 也就是说, 上面的无理方程无解, 因而 $y = 3$ 不属于我们讨论的函数的值域. 实际上, 将无理方程

$$y = x + \sqrt{-x^2 + 10x - 23}$$

两边平方得到的整式方程

$$2x^2 - 2(y + 5)x + (y^2 + 23) = 0$$

等价于

$$(y - x + \sqrt{-x^2 + 10x - 23})(y - x - \sqrt{-x^2 + 10x - 23}) = 0.$$

因此有可能产生增根, 即 (当 y 取某个固定值) 上面的整式方程的根不是

$$y - x = \sqrt{-x^2 + 10x - 23}$$

的根, 而是另一个无理方程

$$y - x = -\sqrt{-x^2 + 10x - 23}$$

的根. 例如, 对于端点值 $y = 3$, 由用方程两边平方的方法求出的 $x = 4$ 不是 $3 = x + \sqrt{-x^2 + 10x - 23}$ 的根 (是增根), 而是方程 $3 = x - \sqrt{-x^2 + 10x - 23}$ 的根 (与此不同, 对于端点值 $y = 7$, 由方程 $7 = x + \sqrt{-x^2 + 10x - 23}$ 求出的 $x = 6$ 不是增根).

如果我们考虑函数

$$y = x - \sqrt{-x^2 + 10x - 23},$$

用例 7.5 的解法, 可知 x 满足条件

$$\begin{cases} 5 - \sqrt{2} \leqslant x \leqslant 5 + \sqrt{2}, \\ y(x) \leqslant x. \end{cases}$$

并且与上述步骤 (ii) 同样地得到 $3 \leqslant y \leqslant 7$. 进而结合上述条件推出 $3 \leqslant y \leqslant 5 + \sqrt{2}$. 由此可求出函数极值:

$$y_{\min} = y(4) = 3, \quad y_{\max} = y(5 + \sqrt{2}) = 5 + \sqrt{2}.$$

注 2° 关于特殊无理函数极值求法, 本书着重介绍两种, 一是应用二次方程判别式 (如上述诸例, 还可见例 9.12 等), 另一是借助三角代换. 对后者可参见练习题 9.9(1)(解法 2) 和练习题 9.9(2), 等等. 还有个别比较特殊的解法, 如例 8.3(应用柯西不等式), 例 9.3, 练习题 9.9(1)(解法 1), 等等.

练习题 7

7.1 求 y 的极值:

(1) $y = \dfrac{x^2 + 1}{x^2 - 4x + 3}$.

(2) $y = \dfrac{x^2 - 5x + 1}{x^2 - x + 1}$.

(3) $y = \dfrac{3x - 5}{x^2 - 2x + 1}$.

7.2 求 y 的极值:

(1) $y = \dfrac{x^2 - 2x + 3}{x^2 + 2x - 3}$.

(2) $y = \dfrac{1}{x} + \dfrac{1}{x - 1}$.

(3) $y = \dfrac{x^2 - 3x + 2}{x^2 - 6x + 5}$.

7.3 求 y 的极值:

(1) $y = \dfrac{a + x}{a - x} + \dfrac{a - x}{a + x}$ $(|x| < |a|, a \neq 0)$.

(2) $y = \dfrac{x^2}{x - a}$ $(a > 0, x > a)$.

7.4 求 $y = 2x + \sqrt{13 - 4x} - 3$ 的极值.

7.5 求 $y = 2x + \sqrt{-4x^2 + 20x - 7} + 5$ 的极值.

7.6 求函数

$$y = \sqrt{x^2 + x + 1} + \sqrt{x^2 - x + 1}$$

的极小值.

8 柯西不等式和伯努利不等式对极值问题的应用

本节是对第 3 节的补充, 它们一起给出一些常见不等式对极值问题的应用. 我们首先证明下面的

定理 8.1(柯西 (Cauchy) 不等式)　对于任意两组实数 $a_1, a_2, \cdots, a_n$ 和 $b_1, b_2, \cdots, b_n$, 有

$$(a_1^2 + a_2^2 + \cdots + a_n^2)(b_1^2 + b_2^2 + \cdots + b_n^2) \geqslant (a_1 b_1 + a_2 b_2 + \cdots + a_n b_n)^2,$$

并且当且仅当这两组实数成比例, 即

$$\frac{a_1}{b_1} = \frac{a_2}{b_2} = \cdots = \frac{a_n}{b_n}$$

时等式成立.

我们给出两个证明. 第一个证明基于一个代数恒等式. 当 $n = 2$ 时, 我们容易验证恒等式

$$(a_1^2 + a_2^2)(b_1^2 + b_2^2) - (a_1 b_1 + a_2 b_2)^2$$
$$= (a_1 b_2 - a_2 b_1)^2,$$

因为上式右边不小于零, 所以得到 ($n = 2$ 时的) 不等式; 并且当且仅当

$$(a_1b_2 - a_2b_1)^2 = 0$$

时等式成立. 上式等价于

$$a_1b_2 - a_2b_1 = 0,$$

即 $a_1 : b_1 = a_2 : b_2$.

当 $n = 3$ 时, 我们可类似地由恒等式

$$(a_1^2 + a_2^2 + a_3^2)(b_1^2 + b_2^2 + b_3^2) - (a_1b_1 + a_2b_2 + a_3b_3)^2$$
$$= (a_1b_2 - a_2b_1)^2 + (a_1b_3 - a_3b_1)^2 + (a_2b_3 - a_3b_2)^2$$

推出结果.

在一般情形, 我们可由恒等式

$$(a_1^2 + a_2^2 + \cdots + a_n^2)(b_1^2 + b_2^2 + \cdots + b_n^2) - (a_1b_1 + a_2b_2 + \cdots + a_nb_n)^2$$
$$= (a_1b_2 - a_2b_1)^2 + (a_1b_3 - a_3b_1)^2 + \cdots + (a_1b_n - a_nb_1)^2$$
$$+ (a_2b_3 - a_3b_2)^2 + (a_2b_4 - a_4b_2)^2 + \cdots + (a_2b_n - a_nb_2)^2$$
$$+ \cdots + (a_{n-1}b_n - a_nb_{n-1})^2$$

(读者容易发现等式右边的规律, 它总共含 $\binom{n}{2}$ 个平方加项) 推出一般形式的结果.

第二个证明: 作二次型

$$F(x) = (a_1 - b_1x)^2 + (a_2 - b_2x)^2 + \cdots + (a_n - b_nx)^2,$$

将它化简后得到

$$F(x) = (b_1^2 + b_2^2 + \cdots + b_n^2)x^2 - 2(a_1b_1 + a_2b_2 + \cdots + a_nb_n)x$$
$$+ (a_1^2 + a_2^2 + \cdots + a_n^2),$$

因为 $F(x)$ 是 n 个平方数之和, 所以对于任何实数 $x, F(x) \geqslant 0$, 从而它的判别式

$$\Delta = 2^2(a_1b_1 + a_2b_2 + \cdots + a_nb_n)^2$$
$$- 4(b_1^2 + b_2^2 + \cdots + b_n^2)(a_1^2 + a_2^2 + \cdots + a_n^2) \leqslant 0,$$

化简后就是所要的不等式.

如果等式成立, 那么 $\Delta = 0$. 因此方程 $F(x) = 0$ 有相等的实根 $x = \lambda$, 即

$$(a_1 - b_1\lambda)^2 + (a_2 - b_2\lambda)^2 + \cdots + (a_n - b_n\lambda)^2 = 0,$$

因此 $a_1 - b_1\lambda = 0, a_2 - b_2\lambda = 0, \cdots, a_n - b_n\lambda = 0$, 从而 $a_1 : b_1 = \lambda$, $a_2 : b_2 = \lambda, \cdots, a_n : b_n = \lambda$, 即两组实数 $a_1, a_2, \cdots, a_n$ 和 $b_1, b_2, \cdots, b_n$ 成比例. 反之, 如果这两组实数成比例, 设公比为 λ, 那么将 $a_1 = \lambda b_1, a_2 = \lambda b_2, \cdots, a_n = \lambda b_n$ 代入不等式两边的表达式中, 可知它们相等. 于是柯西不等式得证.

我们来应用柯西不等式解一些极值问题.

例8.1 设 $x, y, z \in \mathbb{R}$ 满足条件 $x^2 + y^2 + z^2 = 1$, 求 $f(x, y, z) = 2x + 3y + 6z$ 的极值.

解 由柯西不等式可知

$$(2x + 3y + 6z)^2 \leqslant (2^2 + 3^2 + 6^2)(x^2 + y^2 + z^2),$$

由约束条件 $x^2 + y^2 + z^2 = 1$(即当 (x, y, z) 限制在球面 $x^2 + y^2 + z^2 = 1$ 上取值时)得到

$$(2x + 3y + 6z)^2 \leqslant 49.$$

等式仅当

$$\frac{x}{2} = \frac{y}{3} = \frac{z}{6}$$

时成立, 此时 $|2x + 3y + 6z| = 7$. 因为 (x, y, z) 还满足 $x^2 + y^2 + z^2 = 1$, 由此及上述比例式可解出: 当 $(x, y, z) = \pm(2/7, 3/7, 6/7)$ 时等式成立. 于是 $f_{\max} = f(2/7, 3/7, 6/7) = 7, f_{\min} = f(-2/7, -3/7, -6/7) = -7$. □

注 我们也可以类似于例 6.4, 给出本题另一解法. 但要用到一些空间解析几何的知识. 具体言之, $x^2 + y^2 + z^2 = 1$ 表示中心在原点的单位球, $2x + 3y + 6z = k(k \in \mathbb{R})$ 是一个平行平面族. 球的两个平行切面的方程的常数项 k 给出 f 的极值. 应用平面法线的参数方程可求出切点坐标.

例 8.2 设 $P(\alpha, \beta)$ 是坐标平面上的一个定点, $l : ax + by + c = 0(a, b$ 不同时为零) 是一条给定直线, 求 P 到 l 的距离.

解 问题归结为在约束条件

$$ax + by + c = 0$$

之下, 求 $f(x, y) = \sqrt{(x - \alpha)^2 + (y - \beta)^2}$ 的极小值. 由柯西不等式可知

$$\left(a(x - \alpha) + b(y - \beta)\right)^2 \leqslant \left((x - \alpha)^2 + (y - \beta)^2\right)\left(a^2 + b^2\right).$$

因为

$$a(x - \alpha) + b(y - \beta) = -c - a\alpha - b\beta,$$

所以

$$(-c - a\alpha - b\beta)^2 \leqslant \big((x-\alpha)^2 + (y-\beta)^2\big)\big(a^2 + b^2\big),$$

从而

$$f(x,y) \geqslant \frac{|a\alpha + b\beta + c|}{\sqrt{a^2 + b^2}}.$$

因此 P 到 l 的距离

$$d = \frac{|a\alpha + b\beta + c|}{\sqrt{a^2 + b^2}}.$$

若需求垂足位置, 可解方程组

$$\begin{cases} ax + by + c = 0, \\ \dfrac{x - \alpha}{a} = \dfrac{y - \beta}{b}. \end{cases}$$

得到

$$(x,y) = \left(\frac{-b(a\beta - b\alpha) - ac}{a^2 + b^2}, \frac{a(a\beta - b\alpha) - bc}{a^2 + b^2} \right)$$

(通常不需要求垂足坐标). □

注 1° 我们也可应用例 2.6 的方法. 不妨设 $ab \neq 0$(因为在 $a = 0$ 或 $b = 0$ 的情形, 直线 l 平行于 X 轴或 Y 轴, 所以答案是显然的). 由 $ax + by + c = 0$ 解出

$$y = \frac{-c - ax}{b},$$

代入

$$f(x,y) = (x-\alpha)^2 + (y-\beta)^2$$

得到 x 的二次三项式. 对于 a, b, c, α, β 的具体数值, 有关计算不太复杂, 但对于推导一般性公式, 则计算量较大.

注 2° 本例题的方法也可用来推导空间中点到平面的距离公式 (见练习题 8.2 和 8.3). 解析几何中, 通常应用向量分析方法推导这些公式.

例 8.3 求函数 $f(x) = \sqrt{3-x} + \sqrt{5x-4}$ 的极大值.

解 函数定义域是区间 $[4/5, 3]$, 并且 $f \geqslant 0$. 将函数表达式改写为

$$f(x) = \frac{1}{\sqrt{5}}\sqrt{15-5x} + \sqrt{5x-4}.$$

由柯西不等式可知,

$$\left(\frac{1}{\sqrt{5}} \cdot \sqrt{15-5x} + 1 \cdot \sqrt{5x-4}\right)^2$$
$$\leqslant \left(\left(\frac{1}{\sqrt{5}}\right)^2 + 1^2\right)\left((\sqrt{15-5x})^2 + (\sqrt{5x-4})^2\right) = \frac{66}{5}.$$

因此 $f(x) \leqslant \sqrt{66/5} = \sqrt{330}/5$, 并且当

$$\frac{\sqrt{15-5x}}{\dfrac{1}{\sqrt{5}}} = \frac{\sqrt{5x-4}}{1}$$

时等式成立. 由此解出 $x = 79/30$, 于是 $f_{\max} = f(79/30) = \sqrt{330}/5$. □

注 上述方法只能求函数的极大值. 本题的其他解法参见例 9.12.

下面给出另一个用于极值问题的不等式:

定理 8.2(伯努利 (Bernoulli) 不等式) 设 α 是实数, 则

(a) 当 $x \geqslant -1, 0 < \alpha < 1$ 时, $(1+x)^\alpha \leqslant 1 + \alpha x$.

(b) 当 $x \geqslant -1, \alpha > 1$ 时, $(1+x)^\alpha \geqslant 1 + \alpha x$.

(c) 当 $x > -1, \alpha < 0$ 时, $(1+x)^\alpha \geqslant 1 + \alpha x$.

在所有情形, 当且仅当 $x = 0$ 时等式成立.

这个定理的证明见本书附录 2. 由伯努利不等式可得下列两个关于函数极值的定理.

定理8.3 设函数

$$y = x^\alpha + kx \quad (x > 0),$$

并令

$$x_0 = \left(-\frac{k}{\alpha}\right)^{1/(\alpha-1)};$$

$$y_0 = (1-\alpha)x_0^\alpha = (1-\alpha)\left(-\frac{k}{\alpha}\right)^{\alpha/(\alpha-1)}.$$

若 $\alpha > 1, k < 0$, 或 $\alpha < 0, k > 0$, 则当 $x = x_0$ 时 y 有极小值 $y_{\min} = y_0$, 且无极大值.

定理 8.3 的证明. (i) 令

$$x = \lambda(1+z),$$

其中 $\lambda > 0$ 是待定常数, 那么

$$y = \lambda^\alpha(1+z)^\alpha + \lambda k(1+z).$$

因为 $x > 0$, 所以 $z > -1$.

(ii) 若 $\alpha > 1, k < 0$, 则由伯努利不等式的情形 (b) 得到

$$y \geqslant \lambda^\alpha(1+\alpha z) + \lambda k(1+z) = (\alpha\lambda^\alpha + k\lambda)z + (\lambda^\alpha + k\lambda),$$

并且等式仅当 $z = 0$ 时成立. 取 λ 满足 $\alpha\lambda^\alpha + k\lambda = 0$, 即

$$\lambda = \left(-\frac{k}{\alpha}\right)^{1/(\alpha-1)},$$

则 $k\lambda = -\alpha\lambda^\alpha$, 并且

$$y \geqslant \lambda^\alpha + k\lambda = \lambda^\alpha - \alpha\lambda^\alpha = (1-\alpha)\lambda^\alpha.$$

因为当 $z = 0$ 时等式成立, 所以由 $x = \lambda(1+z)$ 可知当

$$x = \lambda(1+0) = \lambda = \left(-\frac{k}{\alpha}\right)^{1/(\alpha-1)}$$

时, y 达到极小值

$$y_{\min} = (1-\alpha)\lambda^\alpha = (1-\alpha)\left(-\frac{k}{\alpha}\right)^{\alpha/(\alpha-1)}.$$

又取 $x = M > 0$, 则

$$y = M^\alpha + kM = M(M^{\alpha-1} + k).$$

因为 $\alpha > 1, k < 0$ 是常数, 所以当 $M > (1-k)^{1/(\alpha-1)}$ 时可使 $M^{\alpha-1} + k > 1$, 从而 $y \geqslant M$. 因为 M 可取任意大的正值, 所以 y 无极大值.

(iii) 若 $\alpha < 0, k > 0$, 则由伯努利不等式的情形 (c) 得到

$$y \geqslant \lambda^\alpha(1+\alpha z) + \lambda k(1+z) = (\alpha\lambda^\alpha + k\lambda)z + (\lambda^\alpha + k\lambda),$$

并且等式仅当 $z = 0$ 时成立. 于是可类似于步骤 (ii) 推出所要的极小值.

又取 $x = M > 0$, 则

$$y = M^\alpha + kM \geqslant kM.$$

因为 $k > 0$ 是常数, 而 M 可取任意大的正值, 所以 y 无极大值. 于是定理 8.3 得证.

注 1° 易见当 $\alpha = 2$ 时由定理 8.3 推出的结论与用第 2 节方法所得结果是一致的.

注 2° 定理 8.3 中, 若 $\alpha > 1, k < 0$, 则自变量取值范围可换为 $x \geqslant 0$.

定理 8.4 设函数

$$y = x^\alpha + kx \quad (x \geqslant 0),$$

其中 $0 < \alpha < 1, k < 0$. 令

$$x_0 = \left(-\frac{k}{\alpha}\right)^{1/(\alpha-1)},$$

$$y_0 = (1-\alpha)x_0^\alpha = (1-\alpha)\left(-\frac{k}{\alpha}\right)^{\alpha/(\alpha-1)}.$$

则函数 y 当 $x = x_0$ 时有极大值 $y_{\max} = y_0$, 并且无极小值.

这个定理是伯努利不等式的情形 (a) 的推论. 我们令

$$x = \lambda(1+z),$$

其中 $\lambda > 0$ 是待定常数, 那么

$$y = \lambda^\alpha(1+z)^\alpha + \lambda k(1+z).$$

因为 $x \geqslant 0$, 所以 $z \geqslant -1$. 由此及条件 $0 < \alpha < 1, k < 0$, 由伯努利不等式的情形 (a) 可得

$$y \leqslant \lambda^\alpha(1+\alpha z) + \lambda k(1+z) = (\alpha\lambda^\alpha + k\lambda)z + (\lambda^\alpha + k\lambda),$$

并且等式仅当 $z = 0$ 时成立. 取 λ 满足 $\alpha\lambda^\alpha + k\lambda = 0$, 即可推出当

$$x = \left(-\frac{k}{\alpha}\right)^{1/(\alpha-1)}$$

时, y 达到极大值

$$y_{\max} = (1-\alpha)\left(-\frac{k}{\alpha}\right)^{\alpha/(\alpha-1)}.$$

最后, 取 $x = M > 0$, 则

$$y = M^\alpha + kM = M^\alpha(1 + kM^{1-\alpha}).$$

因为 $k < 0, 0 < \alpha < 1$, 当 $M > (-2/k)^{1/(1-\alpha)}$ 时可使 $1 + kM^{1-\alpha} < -1$, 从而 $y < -M^\alpha$. 因为 M 可取任意大的正值, 所以 y 无极小值. 于是定理 8.4 得证.

注 定理 8.4 的另一个证明如下: 令 $z = x^\alpha$, 那么 $z \geqslant 0$, 并且

$$x^\alpha + kx = z + kz^{1/\alpha} = k\left(z^{1/\alpha} + \frac{1}{k}z\right),$$

其中 $1/\alpha > 1, 1/k < 0$. 于是可将定理 8.3(并且注意该定理后的注 2°) 应用于函数

$$\widetilde{y} = z^{1/\alpha} + \frac{1}{k}z,$$

然后推出结论. 请读者补出证明细节.

现在给出上述定理的应用例子.

例 8.4 求函数 $y = x^2 - x^3 \, (x \geqslant 0)$ 的极值.

解 令 $z = x^2$. 因为 $x \geqslant 0$, 所以 $z \geqslant 0$, 并且 $x = z^{1/2}$, 于是

$$y = x^2 - x^3 = -(z^{3/2} - z),$$

从而只需考虑函数

$$f(z) = z^{3/2} - z \quad (z \geqslant 0).$$

依定理 8.3 可知, 当

$$z = z_0 = \left(-\frac{-1}{3/2}\right)^{1/(3/2-1)} = \left(\frac{2}{3}\right)^2$$

时, $f(z)$ 达到极小值

$$f_{\min} = \left(1 - \frac{3}{2}\right) z_0^{3/2} = -\frac{4}{27}$$

(或者: $f_{\min} = f(z_0) = z_0^{3/2} - z_0 = -4/27$). 因此由 $x = z^{1/2}$ 推出 $y_{\max} = y(2/3) = 4/27$.

又若取 $x = M > 0$, 则当 $M > 2$ 时

$$y = M^2 - M^3 = M^2(1 - M) < -M^2,$$

因为 M 可以任意大, 所以 y 无极小值.　　　　　　　　　　□

例 8.5　求函数

$$f(x) = \frac{x^3}{x^4 + 5} \quad (x \in \mathbb{R})$$

的极大值.

解　当 $x \in \mathbb{R}$, 分母 $x^4 + 5 > 0$, 所以当 $x \leqslant 0$ 时 $f(x) \leqslant 0$, 当 $x > 0$ 时 $f(x) > 0$. 因此 f 的极大值 (若存在) 只可能当 $x > 0$ 时达到. 将 f 改写为

$$f(x) = \frac{1}{5\left(\frac{1}{5}x + x^{-3}\right)}.$$

依定理 8.3, 函数

$$g(x) = x^{-3} + \frac{1}{5}x \quad (x > 0)$$

当

$$x = \left(-\frac{\frac{1}{5}}{-3} \right)^{1/(-3-1)} = 15^{1/4}$$

时达到极小值

$$g_{\min} = g(15^{1/4}) = (1+3)(15^{1/4})^{-3} = 4 \cdot 15^{-3/4}.$$

于是

$$f_{\max} = f(15^{1/4}) = \frac{1}{5 \cdot 4 \cdot 15^{-3/4}} = \frac{3}{4\sqrt[4]{15}} = \frac{\sqrt[4]{3375}}{20}.$$

注 当 $x > 0$ 时,

$$f(x) = \frac{3}{3x + \dfrac{15}{x^2}},$$

将 A.–G. 不等式应用于分母, 也可求出 $f_{\max}$.

例 8.6 要将一块边长为 9(cm) 的正方形纸板从四角截去四个同样大小的正方形, 做成一个无盖的盒子, 求从四角截去的正方形的边长, 使得盒子容积最大.

解 设截去的正方形的边长为 x(cm), 那么盒子的容积

$$V = x(9 - 2x)^2,$$

其中 $0 < x < 9/2$.

解法 1 令

$$y = (9 - 2x)^2,$$

则 $x = (9 - y^{1/2})/2$, 于是

$$V = \frac{1}{2}(9 - y^{1/2})y = -\frac{1}{2}(y^{3/2} - 9y) \quad (0 < y < 9^2).$$

由定理 8.3, 函数 $\widetilde{V} = (y^{3/2} - 9y)\,(y > 0)$ 当 $y = \left(\dfrac{9}{3/2}\right)^{1/(3/2-1)} = 6^2 = 36$ 时有极小值 $(1 - 3/2) \cdot (36)^{3/2} = -108$. 注意, 函数 $\widetilde{V}$ 在 $0 < y < 9^2$ 时的极小值不小于它在 $y > 0$ 时的极小值, 因此前者应 $\leqslant -108$. 但因为 "极值点" $y_0 = 36$ 属于区间 $(0, 9^2)$, 所以函数 $\widetilde{V}$ 在 $(0, 9^2)$ 上的极小值等于 -108. 由此以及 $x = (9 - y^{1/2})/2$, 我们推出: 当截去的正方形的边长为 $1.5(\mathrm{cm})$ 时, 盒子容积最大, 等于 $54(\mathrm{cm}^3)$.

解法 2 考虑辅助函数 $\widetilde{V} = 4x(9 - 2x)^2$, 那么 3 个正因子之和 $4x + (9 - 2x) + (9 - 2x) = 18$ 是常数, 从而应用 A.-G. 不等式解出 $x = 1.5(\mathrm{cm})$, 等等 (参见例 9.7(1)). $\qquad\square$

练习题 8

8.1 设 $ab \neq 0$, 求 $f(x,y) = a\sqrt{x} + b\sqrt{y}$ 当 $x + y = 1, x \geqslant 0, y \geqslant 0$ 时的极值.

8.2 设 a, b, c, A, B, C, D 是常数, $abc \neq 0, A, B, C$ 不全为零. 若 x, y, z 满足方程 $Ax + By + Cz + D = 0$, 求 $f(x,y,z) = a^2 x^2 + b^2 y^2 + c^2 z^2$ 的极小值.

8.3 设 $\alpha, \beta, \gamma, A, B, C$ 是常数, A, B, C 不全为零, 若 x, y, z 满足方程 $Ax + By + Cz + D = 0$, 求 $f(x,y,z) = (x - \alpha)^2 + (y - \beta)^2 + (z - \gamma)^2$ 的极小值.

8.4 求函数 $f(x) = 3\sqrt{x - 1} + 4\sqrt{2 - x}$ 的极大值.

8.5 试由柯西不等式推出 A.–H. 不等式 (见定理 3.3).

8.6 求函数 $y = x^3 - 12x^2 + 36x + 1$ 在区间 $(0,6)$ 上的极大值.

8.7 求函数 $y = x^6 - 0.6x^{10}\,(x \in \mathbb{R})$ 的极值.

8.8 求函数 $y = x^3 - x\,(x \geqslant 0)$ 的极值.

8.9 横截面为矩形的梁的强度与横截面的宽以及横截面的高的平方成正比. 今要将直径为 $1(\mathrm{m})$ 的圆柱形木料锯出一条横截面为矩形的梁, 求横截面的尺寸使得梁的强度最大.

9 杂 例

本节是对前面各节内容的补充和提高, 包含某些技巧性解法.

例9.1 求函数 $F(x,y) = 4x^2 + 16xy + 25y^2 - 24x - 30y + 60\,(x, y \in \mathbb{R})$ 的极小值.

解 配方, 得

$$
\begin{aligned}
F(x,y) &= 4(x+2y)^2 - 16y^2 + 25y^2 - 24x - 30y + 60 \\
&= 4(x+2y)^2 + 9y^2 - 24x - 30y + 60 \\
&= 4(x+2y)^2 + 9y^2 - 24(x+2y) + 48y - 30y + 60 \\
&= 4(x+2y)^2 + 9y^2 - 24(x+2y) + 18y + 60.
\end{aligned}
$$

令 $X = x + 2y$, 则 F 化为

$$
\begin{aligned}
H(X,y) &= 4X^2 + 9y^2 - 24X + 18y + 60 \\
&= (4X^2 - 24X) + (9y^2 + 18y) + 60.
\end{aligned}
$$

当 $X = -(-24)/(2 \cdot 4) = 3$ 时 $4X^2 - 24X$ 有极小值 -36; 当 $y = -18/(2 \cdot 9) = -1$ 时 $9y^2 + 18y$ 有极小值 -9. 因此当 $X = 3, y = -1$ 即 $(x,y) = (5,-1)$ 时 F 取极小值 $-36 - 9 + 60 = 15$. □

注 上述方法的一个变体可见练习题 9.1(2) 的解.

例 9.2 设 $a \in [0,1]$, 求函数

$$f_a(x) = \left(\frac{1-x}{2}\right)^2 - (a-x)^2 \quad (0 \leqslant x \leqslant 1)$$

的极值.

解 (i) 整理后得到

$$f_a(x) = \frac{1}{3}(1-a)^2 - \frac{3}{4}\left(\frac{4a-1}{3} - x\right)^2.$$

对于固定的 a, 函数图像是一条 (开口向下的) 抛物线当自变量 $x \in [0,1]$ 时的一段.

(ii) 当 $a \in [0,1/4]$ 时,

$$\frac{4a-1}{3} \in \left[-\frac{1}{3}, 0\right].$$

因此对于每个 $a \in [0,1/4]$, 当 $x \in [0,1]$ 有

$$0 \geqslant \frac{4a-1}{3} \geqslant \frac{4a-1}{3} - x \geqslant \frac{4a-1}{3} - 1,$$

因此 $\left((4a-1)/3 - x\right)^2$ 当 $x = 1$ 时取极大值, 当 $x = 0$ 时取极小值, 于是推出

$$(f_a)_{\min} = f_a(1) = -(a-1)^2,$$
$$(f_a)_{\max} = f_a(0) = \frac{1}{4} - a^2.$$

(iii) 当 $a \in [1/4,1]$ 时, $(4a-1)/3 \in [0,1]$, 因此

$$(f_a)_{\max} = f_a\big((4a-1)/3\big) = \frac{(1-a)^2}{3},$$

$$(f_a)_{\min} = \min\left\{f_a(0), f_a(1)\right\} = \min\left\{\frac{1}{4} - a^2, -(a-1)^2\right\}$$
$$= -a^2 + \min\left\{\frac{1}{4}, 2a - 1\right\}.$$

因为

$$\min\left\{\frac{1}{4}, 2a - 1\right\} = \begin{cases} \dfrac{1}{4}, & \text{当 } \dfrac{5}{8} \leqslant a \leqslant 1, \\[2mm] 2a - 1, & \text{当 } 0 \leqslant a < \dfrac{5}{8}, \end{cases}$$

所以

$$(f_a)_{\min} = \begin{cases} -a^2 + \dfrac{1}{4}, & \text{当 } \dfrac{5}{8} \leqslant a \leqslant 1, \\[2mm] -(a-1)^2, & \text{当 } 0 \leqslant a < \dfrac{5}{8}. \end{cases} \qquad \square$$

注 在上面解法的步骤 (ii) 中, 因为区间 $[-1/3, 0]$ 与 $[0,1]$ 不相交, 并且 $x \in [0,1]$, 所以 x 不能取值 $(4a-1)/3$, 从而 $\left((4a-1)/3 - x\right)^2$ 不能取值 0 (即不能由此得到函数的极大值).

例 9.3 求 $f(x) = \sqrt{x^2 + 100} - x \, (x \geqslant 0)$ 的极值.

解 函数 f 的值域是 $f(x) > 0$. 在 $x \geqslant 0$ 时, 其倒数

$$\frac{1}{f(x)} = \frac{1}{\sqrt{x^2 + 100} - x} = \frac{\sqrt{x^2 + 100} + x}{(\sqrt{x^2 + 100} - x)(\sqrt{x^2 + 100} + x)}$$
$$= \frac{\sqrt{x^2 + 100}}{100} + \frac{x}{100} \geqslant \frac{\sqrt{100}}{100} = \frac{1}{10},$$

并且等式仅当 $x = 0$ 时成立. 当 x 从零开始增大时, $1/f(x)$ 无限增大, 因此 $1/f(x)$ 有极小值 $\dfrac{1}{10}$, 无极大值. 于是 $f_{\max} = f(0) = 10$, 无极小值. $\qquad \square$

例 9.4 设 x, y 是正数, 求 $f = (xy - 4x - 3y)/(x^2 y^3)$ 的极值.

解 (i) 将 f 改写为

$$f = \frac{xy - 4x - 3y}{xy} \cdot \frac{1}{xy^2} = \left(1 - \frac{4}{y} - \frac{3}{x}\right) \cdot \frac{1}{xy^2}$$

$$= \left(1 - \frac{2}{y} - \frac{2}{y} - \frac{3}{x}\right) \cdot \frac{3}{x} \cdot \frac{2}{y} \cdot \frac{2}{y} \cdot \frac{1}{3 \cdot 2 \cdot 2}.$$

(ii) 我们用 (x, y) 表示一个数组, 也就是坐标平面上的一个点. 令 $D = \{(x, y) \mid x, y > 0\}$. 定义集合 $D_1 = \{(x, y) \mid 4/y + 3/x < 1, x, y > 0\}$, $D_2 = \{(x, y) \mid 4/y + 3/x \geqslant 1, x, y > 0\}$. 因为当 $x, y > 0$ 较大时, $3/x$ 和 $4/y$ 较小, 因而可使 $3/x + 4/y < 1$; 当 $x, y > 0$ 较小时, 可使 $3/x + 4/y \geqslant 1$. 因此 D_1, D_2 都不是空集; 并且 $D_1 \cap D_2 = \emptyset$(即 D_1 和 D_2 没有公共元素), $D_1 \cup D_2 = D$.

(iii) 当 $x, y \in D_1$ 时, 乘积

$$\left(1 - \frac{2}{y} - \frac{2}{y} - \frac{3}{x}\right) \cdot \frac{3}{x} \cdot \frac{2}{y} \cdot \frac{2}{y}$$

中的 4 个正因子之和等于常数 1, 所以当

$$1 - \frac{2}{y} - \frac{2}{y} - \frac{3}{x} = \frac{3}{x} = \frac{2}{y} = \frac{1}{4}$$

时, 即 $x = 12, y = 8$ 时, 上面的乘积达到极大值 $(1/4)^4 = 1/2^8$. 因此在 $(x, y) \in D_1$ 时, f 有极大值 $(1/2^8)\big(1/(3 \cdot 2 \cdot 2)\big) = 1/(2^{10} \cdot 3) = 1/3072$.

(iv) 当 $x, y \in D_2$ 时, $1 - 4/y - 3/x \leqslant 0$, 因而 $f \leqslant 0 < 1/3072$.

(v) 由步骤 (iii) 和 (iv), 并注意 $D_1 \cup D_2 = D$, 可知当 $x, y > 0$ 时 $f_{\max} = 1/3072$. □

例 9.5 设 $a > 0, a \neq 1$. 求 $f(x) = x^2 + ax + a/x + 1/x^2 \, (x > 0)$ 的极小值.

解　因为

$$x^2 \cdot ax \cdot \frac{a}{x} \cdot \frac{1}{x^2} = a^2$$

是定值, 因此当 $x_0 > 0$ 满足条件

$$x^2 = ax = \frac{a}{x} = \frac{1}{x^2} = \sqrt[4]{a^2} \tag{1}$$

时, $f(x_0)$ 就是 f 的极小值. 但因为 $a \neq 1$, 所以方程组 (1) 没有实数解, 因而方法失效. 试改用下法: 令

$$f(x) = g(x) + h(x),$$

其中

$$g(x) = x^2 + \frac{1}{x^2}, \quad h(x) = ax + \frac{a}{x},$$

那么当 $x^2 = 1/x^2$ 即 $x = 1$ 时 $g_{\min} = g(1) = 2$; 当 $ax = a/x$ 即 $x = 1$ 时 $h_{\min} = h(1) = 2a$. 因此当 $x = 1$ 时, $f_{\min} = g(1) + h(1) = 2 + 2a$.　□

注　在上面原先的解法中, 若方程组 (1) 有正数解, 则所求极小值等于 $4\sqrt{a}$. 改用的解法中求得的极小值等于 $2 + 2a$(这可以用非初等方法验证其正确性). 我们令 $4\sqrt{a} = 2 + 2a$, 则 $a = 1$. 这就是说, 只当 $a = 1$ 时, 两种解法才得到同样的解答. 换言之, 通常的方法 (原先的解法) 只对 $f = x^2 + x + 1/x + 1/x^2 (x > 0)$ 有效 (即此时方程组 (1) 才有正数解).

例 9.6　设 $x \in \mathbb{R}$. 求函数 $f(x)$ 的极小值:

(1)　$f(x) = x^2 + 6x + 1$.

(2)　$f(x) = x^4 + 6x^2 + 1$.

(3)　$f(x) = x^4 - 6x^2 + 1$.

解 (1) 由 $f(x) = (x+3)^2 - 8 \geqslant -8$(当且仅当 $x = -3$ 时等式成立) 推出 $f_{\min} = f(-3) = -8$.

(2) **解法 1** 由 $f(x) \geqslant 1$(当且仅当 $x = 0$ 时等式成立) 推出 $f_{\min} = f(0) = 1$.

解法 2 (i) 令 $f(x) = x^4 + 6x^2 + 1 = k \in \mathbb{R}$, 则 $x^4 + 6x^2 + (1-k) = 0$. 因为 $x \in \mathbb{R}$, 所以 $f(x) = k \in \mathbb{R}$ 等价于 $y^2 + 6y + (1-k) = 0$(其中 $y = x^2$) 有实根, 因而判别式 $\Delta = 36 - 4(1-k) \geqslant 0$. 由此可知 $k \geqslant -8$.

(ii) 另一方面, 我们解出 $y = -3 \pm \sqrt{8+k}$. 因为 $y = x^2 \geqslant 0$, 所以舍去负根, 于是 $x^2 = -3 + \sqrt{8+k}$. 由 $x^2 \geqslant 0$ 即 $-3 + \sqrt{8+k} \geqslant 0$ 得到 $k \geqslant 1$.

(iii) 由 $k \geqslant -8$ 和 $k \geqslant 1$ 可知: $f(x) \geqslant 1(x \in \mathbb{R})$.

(iv) 因为 $f(0) = 1$, 所以 $f_{\min} = f(0) = 1$.

(3) **解法 1** 因为 $f(x) = (x^2 - 3)^2 - 8 \geqslant -8$, 当且仅当 $x^2 = 3$ 时等式成立, 所以 $f_{\min} = f(\pm\sqrt{3}) = -8$.

解法 2 令 $f(x) = x^4 - 6x^2 + 1 = k$, 则 $x^4 - 6x^2 + (1-k) = 0$. 解出 $x^2 = 3 \pm \sqrt{8+k}$. 于是 $8 + k \geqslant 0$(仅当此时 $\sqrt{8+k}$ 有意义), 从而 $k \geqslant -8$(这也可由判别式 $\geqslant 0$ 推出). 又因为 $x^2 \geqslant 0$, 当 $k \geqslant -8$ 时 $3 + \sqrt{8+k} > 0$ 自然成立; 并且由 $3 - \sqrt{8+k} \geqslant 0$ 得到 $k \leqslant 1$. 因此 $f(x) = k \in [-8, 1](x \in \mathbb{R})$. 由 $f(x) = -8$ 解出 $x^2 = 3$, 于是 $f_{\min} = f(\pm\sqrt{3}) = -8$.

解法 3 因为 $f(x) = -x^2(6 - x^2) + 1$, 当 $0 < |x| < \sqrt{6}$ 时, 正数 x^2 与 $6 - x^2$ 之和等于常数 6, 因此当 $x = \pm\sqrt{3}$ 时 (注意 $0 < |\pm\sqrt{3}| < \sqrt{6}$), $-x^2(6 - x^2)$ 取极小值 -9. 当 $x = 0$ 时, $-x^2(6 - x^2) = 0 > -9$.

当 $|x| \geqslant \sqrt{6}$ 时 $-x^2(6-x^2) = x^2(x^2-6) \geqslant 0 > -9$. 因此当 $x \in \mathbb{R}$ 时 $x^4 - 6x^2$ 有极小值 -9, 从而 $f_{\min} = f(\pm\sqrt{3}) = -9+1 = -8$. □

注 1° 不可用 $f(x) = (x^2+3)^2 - 8$ 解本题 (2), 因为不存在实数 x 使得 $x^2 + 3 = 0$, 从而对于任何 $x \in \mathbb{R}, f(x) \neq -8$.

注 2° 在本题 (3) 的解法 2 中, 不能由 $k \leqslant 1$ 推出 $f(x)$ 有极大值 1, 因为由另一个根 $x^2 = 3 + \sqrt{8+k}$ 可知当 $|x|$ 无限增加时, k 也无限增加. 无论如何, 对于这两个根, $k \geqslant -8$ 总是成立的.

例 9.7 (1) 要将一块边长为 $90(\text{cm})$ 的正方形纸板从四角截去四个同样大小的正方形, 做成一个容积最大的无盖的盒子, 求从四角截去的正方形的边长.

(2) 如果要采用 $80(\text{cm})$ 长、$50(\text{cm})$ 宽的长方形纸板做这样的盒子, 解同样的问题.

解 (1) 设截去的正方形的边长为 $x(\text{cm})$, 那么盒子的容积

$$V = x(90-2x)^2 = x \cdot (90-2x) \cdot (90-2x),$$

其中 $0 < x < 45$. 考虑辅助函数 $\widetilde{V} = 4x \cdot (90-2x) \cdot (90-2x)$, 因为 $\widetilde{V}$ 的 3 个正因子之和等于常数 180, 所以由 A.–G. 不等式推出: 当 $4x = 90 - 2x$ 即 $x = 15(\text{cm})$ 时, 无盖盒的容积最大, 等于 $54000(\text{cm}^3)$.

(2) 设截去的正方形的边长为 $x(\text{cm})$, 那么盒子的容积

$$V = x(80-2x)(50-2x),$$

其中 $0 < x < 25$. 若用通常的方法, 考虑辅助函数 $\widetilde{V} = 4x(80-2x)(50-2x)$, 虽然 3 个正数 $4x, 80-2x, 50-2x$ 之和等于常数 130, 但方程 $80 - 2x = 50 - 2x$ 无解, 所以方法失效. 因此我们改用下法:

引进待定因子 $k > 0$, 令

$$kV = x(80 - 2x)(50k - 2kx),$$

为使有关 3 个正因子之和为常数, 进一步考虑辅助函数

$$\widehat{V} = ((2k+2)x)(80-2x)(50k-2kx),$$

那么 3 个正因子之和

$$(2k+2)x + (80-2x) + (50k-2kx) = 80 + 50k$$

是常数. 我们要求出 k 使得

$$(2k+2)x = 80 - 2x = 50k - 2kx,$$

由 $(2k+2)x = 80 - 2x$ 和 $80 - 2x = 50k - 2kx$ 分别解出

$$x = \frac{40}{k+2}, \quad x = \frac{25k}{2k+1},$$

确定 k 使得

$$\frac{40}{k+2} = \frac{25k}{2k+1},$$

由此解出 $k = 2$ 或 $-4/5$. 负根不合要求 (不然得不到正因子), 因此 $k = 2$. 于是辅助函数

$$\widehat{V} = (6x)(80-2x)(100-4x) \quad (0 < x < 25).$$

由此应用 A.-G. 不等式求出当 $x = 10(\text{cm})$ 时, 盒子容积最大, 等于 $18000(\text{cm}^3)$. □

例 9.8 设当 $0 \leqslant y \leqslant x \leqslant \pi/2$ 时

$$\tan x = 3\tan y,$$

求函数 $u = x - y$ 的极大值, 并求相应的 x, y 的值.

解 我们给出三种解法.

解法 1 若 $\tan y = 0$, 则 $\tan x = 0$, 因而 $u = x - y = 0$. 下面将看到 0 不是 u 在区域 $0 \leqslant y \leqslant x \leqslant \pi/2$ 上的极大值. 若 $\tan y \neq 0$, 则

$$\frac{\tan x}{\tan y} = 3.$$

由比例性质得到

$$\frac{\tan x + \tan y}{\tan x - \tan y} = \frac{3+1}{3-1},$$

因为

$$\tan x + \tan y = \frac{\sin x \cos y + \sin y \cos x}{\cos x \cos y} = \frac{\sin(x+y)}{\cos x \cos y},$$
$$\tan x - \tan y = \frac{\sin x \cos y - \sin y \cos x}{\cos x \cos y} = \frac{\sin(x-y)}{\cos x \cos y},$$

所以

$$\frac{\sin(x+y)}{\sin(x-y)} = 2.$$

由此得到

$$\sin u = \sin(x-y) = \frac{1}{2}\sin(x+y).$$

因为 $0 \leqslant y \leqslant x \leqslant \pi/2$, 所以当 $x+y = \pi/2$ 时 $\sin(x+y)$ 达到极大, 因而 $\sin(x-y)$ 取得极大值 $1/2$, 此时 $x-y = \pi/6$. 由 $x+y = \pi/2, x-y = \pi/6$ 解出 $x = \pi/3, y = \pi/6$, 它们落在区域 $0 \leqslant y \leqslant x \leqslant \pi/2$ 中, 因此函数 $u = x - y$ 的极大值等于 $\pi/6$.

解法 2　类似于解法 1, 我们可设 $\tan y \neq 0.0 \leqslant y \leqslant x \leqslant \pi/2$ 蕴含 $u \in [0, \pi/2]$. 我们有

$$\tan u = \tan(x - y) = \frac{\tan x - \tan y}{1 + \tan x \tan y} = \frac{3 \tan y - \tan y}{1 + 3 \tan y \tan y}$$
$$= \frac{2 \tan y}{1 + 3 \tan^2 y} = \frac{2 \tan y / \tan y}{1 / \tan y + 3 \tan y} = \frac{2}{\cot y + 3 \tan y}.$$

因为 $\cot y > 0$, 所以

$$\cot y + 3 \tan y \geqslant 2\sqrt{\cot y \cdot 3 \tan y} = 2\sqrt{3},$$

并且当且仅当 $\cot y = 3 \tan y$ 时等式成立. 于是

$$\tan u \leqslant \frac{2}{2\sqrt{3}} = \frac{1}{\sqrt{3}},$$

并且当且仅当 $\cot y = 3 \tan y$ 时 $\tan u$ 取得极大值 $1/\sqrt{3}$. 因为当 $u \in [0, \pi/2]$ 时 $\tan u$ 单调增加, 所以 u 有极大值 $\pi/6$.

由 $\cot y = 3 \tan y$ 及 $0 \leqslant y \leqslant x \leqslant \pi/2$ 得到 $\tan y = 1/\sqrt{3}$. 注意 $0 \leqslant y \leqslant x \leqslant \pi/2$, 我们解出 $y = \pi/6$; 进而由 $\tan x = 3 \tan y = \sqrt{3}$ 解出 $x = \pi/3$. 此时 $u = x - y$ 取得极大值 $\pi/6$.

解法 3　(与解法 2 本质上一致). 同解法 1, 得到

$$\tan u = \frac{2}{\cot y + 3 \tan y},$$

于是

$$\tan^2 u = \frac{4}{(\cot y + 3 \tan y)^2} = \frac{4}{\cot^2 y + 9 \tan^2 y + 6}$$
$$= \frac{4}{(\cot y - 3 \tan y)^2 + 12}.$$

当且仅当

$$(\cot y - 3\tan y)^2 = 0$$

时 $\tan^2 u$(从而 $\tan u$) 取极大值. 因此由

$$\cot y - 3\tan y = 0$$

解得 $y = \pi/6$, 进而由 $\tan x = 3\tan y$ 解得 $x = \pi/3$. 于是 u 的极大值等于 $\pi/6$. □

例 9.9 如图 9.1 所示, 某时刻, 水面上一艘划船位于点 S, 离 (直线) 岸的最近距离是 $SP = 5(\mathrm{km})$, 与岸边另一点 Q 的距离 $SQ = 5\sqrt{2}(\mathrm{km})$. 划船人想在 P, Q 之间某点 A 登岸, 然后步行到 Q. 设船由 S 沿直线驶向点 A, 速度为 4(km/h), 人步行速度为 6(km/h). 试确定点 A 的位置, 使得由 S 到达 Q 所用时间最短.

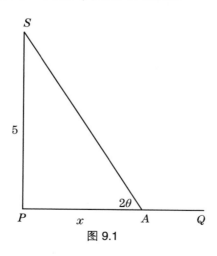

图 9.1

解 我们给出代数解法和三角解法.

解法1 (代数解法) 显然 $SP \perp PQ, PQ = 5$. 设 $PA = x$. 那么用于行程 $S \to A \to Q$ 上的时间

$$t = \frac{\sqrt{5^2 + x^2}}{4} + \frac{5 - x}{6}.$$

于是

$$t - \frac{5}{6} = -\frac{x}{6} + \frac{\sqrt{5^2 + x^2}}{4},$$

去分母得到

$$12t - 10 = -2x + 3\sqrt{5^2 + x^2}.$$

令 $12t - 10 = k$. 由上式可得

$$k + 2x = 3\sqrt{5^2 + x^2}.$$

由此解出

$$x = \frac{2k \pm \sqrt{k^2 - 125}}{5},$$

当且仅当 k 取极小值时 t 取极小值. 由于 x 为实数, 所以 $k^2 - 125 \geqslant 0$, 从而 k 有极小值 $5\sqrt{5}$, 于是

$$x = \frac{2k}{5} = 2\sqrt{5},$$

即点 A 与点 P 相距 $2\sqrt{5}$(km).

解法2 (三角解法) 显然 $SP \perp PQ, PQ = 5$. 设 $\angle SAP = 2\theta$. 那么花在行程 $S \to A \to Q$ 的时间

$$t = \frac{5}{4\sin 2\theta} + \frac{5 - 5\cot 2\theta}{6}.$$

于是

$$12t\sin 2\theta = 15 + 10\sin 2\theta - 10\cos 2\theta.$$

用万能代换公式 (即通过 $\tan\theta$ 表示 $\sin 2\theta$ 和 $\cos 2\theta$) 将它化为

$$25\tan^2\theta + (20 - 24t)\tan\theta + 5 = 0.$$

由此解出

$$\tan\theta = \frac{12t - 10 \pm \sqrt{(12t - 10)^2 - 125}}{25}.$$

因为 $\tan\theta$ 是实数, 所以

$$(12t - 10)^2 - 125 \geqslant 0,$$

于是

$$t \geqslant \frac{5\sqrt{5} + 10}{12},$$

由此可知 t 的极小值等于 $(5\sqrt{5} + 10)/12$, 而与之对应的 θ 值 θ_0 的正切

$$\tan\theta_0 = \frac{12 \cdot \dfrac{5\sqrt{5} + 10}{12} - 10}{25} = \frac{\sqrt{5}}{5},$$

从而

$$AP = 5\cot 2\theta_0 = \frac{5}{\tan 2\theta_0} = \frac{5(1 - \tan^2\theta_0)}{2\tan\theta_0} = 2\sqrt{5},$$

即点 A 与点 P 相距 $2\sqrt{5}$(km).   □

例9.10 给定 $\angle BAC$ 及角内两点 M 和 N, 满足 $AM < AN$(如图 9.2 所示). 求经过点 M 作直线分别与角两边 AB 和 AC 交于点 D 和 E, 使得四边形 $ADNE$ 的面积最小, 并且求此最小面积.

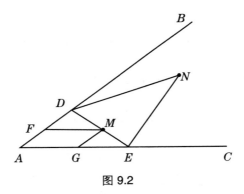

图 9.2

解 过点 M 分别作直线平行于 AB 交 AC 于 G, 平行于 AC 交 AB 于 F. 设点 N 与边 AC 和 AB 的距离分别是 c 和 d. 还设线段的长度

$$FM = AG = a, \quad GM = AF = b, \quad FD = x, \quad GE = y,$$

那么 a, b, c, d 是已知量, x, y 是未知量. 我们只需通过已知量表示出 x, y, 并且使得四边形 $ADNE$ 的面积最小. 由于 $\triangle DFM \sim \triangle MGE$, 我们得到

$$x : a = b : y,$$

因此 $xy = ab$. 又因为四边形 $ADNE$ 的面积等于 $\triangle NAD$ 和 $\triangle NAE$ 的面积之和, 所以

$$S = \frac{1}{2}\big((b+x)d + (a+y)c\big) = \frac{1}{2}\big(dx + cy + (bd + ac)\big).$$

于是问题归结为在 $xy = ab, x > 0, y > 0$ 的约束下求

$$\widetilde{S} = dx + cy$$

的极小值. 我们给出两种解法.

解法 1 因为 $dx \cdot cy = dc(xy) = dcab$, 所以由 A.–G. 不等式, 当 $dx = cy$ 时 $\widetilde{S}$ 极小. 由

$$dx = cy, \quad xy = ab$$

解出取得极小值的自变量值

$$x_0 = \sqrt{\frac{abc}{d}}, \quad y_0 = \sqrt{\frac{abd}{c}},$$

此时

$$\begin{aligned} S_{\max} &= \frac{1}{2}\big(dx_0 + cy_0 + (bd + ac)\big) \\ &= \frac{1}{2}\big(2\sqrt{abcd} + (bd + ac)\big) = \frac{1}{2}(\sqrt{ac} + \sqrt{bd})^2. \end{aligned}$$

解法 2 应用第 6 节中的方法 (参见例 6.4). 曲线 $xy = ab(x, y > 0)$ 是方程定义的双曲线在第一象限中的部分, 它从第一象限中划出一个无限凸区域. 斜率为负数的平行直线族 $dx + cy = l$ 中有唯一的一条与区域边界相切, 对应的 l 就是所求的极小值 (为此可观察直线族的 X 截距). 为求出切点 (等价地, 算出 l), 解方程组

$$dx + cy = l, \quad xy = ab.$$

由 $xy = ab$ 解出 $y = ab/x$, 代入 $dx + cy = l$, 得到 x 的二次方程

$$dx^2 - lx + abc = 0.$$

对于切点, 意味着直线 $dx + cy = l$ 与双曲线 $xy = ab$ 的两个交点重合, 所以上述方程有相等的实根, 于是方程的判别式

$$\Delta = l^2 - 4abc = 0,$$

因此 $l = 2\sqrt{abc}$. 并且解二次方程得到对应的 $x_0 = l/(2\sqrt{d}) = \sqrt{abc/d}$,
$y_0 = ab/x_0 = \sqrt{abd/c}$, 等等 (余同解法 1).

因为点 F 容易作出, $FD = x_0$ 的长度也可用圆规和 (无刻度的) 直尺作出, 所以点 D 可以确定, 从而经过点 D 和 M 的直线与 AC 的交点给出点 E. □

注 由 $x_0 = \sqrt{(ab/d) \cdot c}$, 可先作出线段 $e = ab/d$ (因为 $d : a = b : e$, 所以 e 是第四比例项), 然后作出线段 $x_0 = \sqrt{ec}$ (即 a 和 e 的比例中项). 这种方法 (所谓代数解析法) 在现行教材中一般不再涉及, 有兴趣的读者不难自行作些探讨.

例 9.11 设 $ab \neq 0$, 求 $f(x, y) = ax + by$ 的极值, 其中 x, y 满足条件 $x^2/u^2 + y^2/v^2 = 1(u, v > 0)$.

解 **解法 1** 参见例 6.4. 只需从平行线族 $ax + by = k$ 中求出椭圆的两条 (平行) 切线 (读者可画草图). 为求切线方程, 我们从

$$\frac{x^2}{u^2} + \frac{y^2}{v^2} = 1, \quad ax + by = k$$

中消去 y, 即由直线方程解出 $y = (k - ax)/b$, 代入椭圆方程得到

$$\frac{x^2}{u^2} + \left(\frac{k - ax}{bv}\right)^2 = 1,$$

化简得到 x 的二次方程

$$(a^2 u^2 + b^2 v^2)x^2 - 2au^2kx + (k^2 - b^2 v^2)u^2 = 0.$$

由于直线与椭圆相切 (也就是两个交点重合), 所以上述方程有相等实根, 从而其判别式

$$\Delta = (-2au^2k)^2 - 4(a^2u^2 + b^2v^2)(k^2 - b^2v^2)u^2 = 0.$$

由此解出

$$k = \pm\sqrt{a^2u^2 + b^2v^2},$$

进而求出切点坐标 (应用二次方程求根公式, 注意 $\Delta = 0$):

$$x = \frac{2au^2k}{2(a^2u^2 + b^2v^2)} = \pm\frac{au^2}{\sqrt{a^2u^2 + b^2v^2}},$$
$$y = \frac{k - ax_0}{b} = \pm\frac{bv^2}{\sqrt{a^2u^2 + b^2v^2}}$$

(其中 x, y 同时取 $+$ 或 $-$ 号). 因此

$$f_{\max} = f\left(\frac{au^2}{\sqrt{a^2u^2 + b^2v^2}}, \frac{bv^2}{\sqrt{a^2u^2 + b^2v^2}}\right) = \sqrt{a^2u^2 + b^2v^2},$$
$$f_{\min} = f\left(-\frac{au^2}{\sqrt{a^2u^2 + b^2v^2}}, -\frac{bv^2}{\sqrt{a^2u^2 + b^2v^2}}\right) = -\sqrt{a^2u^2 + b^2v^2}.$$

解法 2 题中约束方程是一个椭圆, 有参数方程

$$x = u\cos\phi, \quad y = v\sin\phi \quad (0 \leqslant \phi < 2\pi).$$

当 (x, y) 在此椭圆上时,

$$f(x, y) = au\cos\phi + bv\sin\phi.$$

依例 4.1(或用该例的方法) 可知

$$F(\phi) = au\cos\phi + bv\sin\phi = r\cos(\phi + \theta),$$

其中

$$r = \sqrt{a^2u^2 + b^2v^2}, \quad bv = r\cos\theta, \quad au = r\sin\theta.$$

当 $\phi = 2n\pi + \pi/2 - \theta$ 时 $F_{\max} = \sqrt{a^2u^2 + b^2v^2}$. 于是当

$$x = u\cos\phi = u\sin\theta = u \cdot \frac{au}{r} = \frac{au^2}{\sqrt{a^2u^2 + b^2v^2}},$$

$$y = v\sin\phi = v\cos\theta = v \cdot \frac{bv}{r} = \frac{bv^2}{\sqrt{a^2u^2 + b^2v^2}}$$

时, 有

$$f_{\max} = \sqrt{a^2u^2 + b^2v^2}.$$

当 $\phi = (2n+1)\pi + \pi/2 - \theta$ 时 $F_{\min} = -\sqrt{a^2u^2 + b^2v^2}$. 于是当

$$x = u\cos\phi = -u\sin\theta = -u \cdot \frac{au}{r} = -\frac{au^2}{\sqrt{a^2u^2 + b^2v^2}},$$

$$y = v\sin\phi = -v\cos\theta = -v \cdot \frac{bv}{r} = -\frac{bv^2}{\sqrt{a^2u^2 + b^2v^2}}$$

时, 有

$$f_{\min} = -\sqrt{a^2u^2 + b^2v^2}.$$

解法 3　由柯西不等式和约束条件得到

$$\begin{aligned}
(ax + by)^2 &= \left(au \cdot \frac{x}{u} + bv \cdot \frac{y}{v}\right)^2 \\
&\leqslant (a^2u^2 + b^2v^2)\left(\frac{x^2}{u^2} + \frac{y^2}{v^2}\right) \\
&= a^2u^2 + b^2v^2,
\end{aligned}$$

因此

$$|ax + by| \leqslant \sqrt{a^2u^2 + b^2v^2},$$

等式仅当

$$\frac{x}{au^2} = \frac{y}{bv^2}$$

时成立. 为求极值点, 解方程组

$$\frac{x}{au^2} = \frac{y}{bv^2}(= \lambda), \quad \frac{x^2}{u^2} + \frac{y^2}{v^2} = 1.$$

将 $x = au^2\lambda, y = bv^2\lambda$ 代入上面第二个方程, 得到

$$\lambda = \pm\frac{1}{\sqrt{a^2u^2 + b^2v^2}},$$

由此求出使等式成立的自变量的值 (即极值点)

$$(x, y) = (au^2\lambda, bv^2\lambda) = \pm\left(\frac{au^2}{\sqrt{a^2u^2 + b^2v^2}}, \frac{bv^2}{\sqrt{a^2u^2 + b^2v^2}}\right).$$

以及极值 (同上).　　　　　　　　　　　　　　　　　　　　□

例 9.12　求函数 $f(x) = \sqrt{3-x} + \sqrt{5x-4}$ 的极值.

解　参见例 8.3. 这里应用例 7.4 和 7.5 所采用的方法.

函数定义域是区间 $[4/5, 3]$, 并且 $f \geqslant 0$. 将

$$f = \sqrt{3-x} + \sqrt{5x-4}$$

两边平方, 得到

$$2\sqrt{(3-x)(5x-4)} = f^2 + 1 - 4x, \tag{2}$$

再次两边平方, 得到

$$36x^2 - 4(2f^2 + 21)x + f^4 + 2f^2 + 49 = 0.$$

因为 $x \in \mathbb{R}$, 所以方程的判别式

$$\Delta = 4(2f^2 + 21)^2 - 36(f^4 + 2f^2 + 49) \geqslant 0,$$

即

$$5f^4 - 66f^2 \leqslant 0,$$

于是

$$5f^2\left(f+\sqrt{\frac{66}{5}}\right)\left(f-\sqrt{\frac{66}{5}}\right)\leqslant 0.$$

注意 $f\geqslant 0$, 由此得到

$$0\leqslant f\leqslant\sqrt{\frac{66}{5}}.\tag{3}$$

又由式 (2) 可知

$$f^2+1-4x\geqslant 0,$$

因此当 $x\in[4/5,3]$ 时,

$$f\geqslant\sqrt{4x-1}.$$

函数 $\varphi(x)=\sqrt{4x-1}$ 是单调增函数, $\varphi(4/5)=\sqrt{11/5},\varphi(3)=\sqrt{11}$; 并且 $[\sqrt{11/5},\sqrt{11}]\subset[0,\sqrt{66/5}]$. 所以由此及式 (3) 得到

$$\sqrt{\frac{11}{5}}\leqslant f\leqslant\sqrt{\frac{66}{5}}.$$

于是 $f_{\min}=f(4/5)=\sqrt{55}/5$. 又当 $f=\sqrt{66/5}$(端点值) 时 $x=79/30(\in [4/5,3])$, 所以 $f_{\max}=f(79/30)=\sqrt{330}/5$. $\square$

例 9.13 求函数 y 的极值:

(1) $y=a\sec\theta-b\tan\theta\,\bigl(\theta\in[0,\pi/2)\bigr)$, 其中 $a>b>0$.

(2) $y=a\sqrt{x^2+c^2}-bx\,(x\geqslant 0)$, 其中 $a>1,0<b<a,c>0$.

解 (1) **解法 1** 令 $\tan\theta=t$, 则 $t\geqslant 0$. 因为 $\sec\theta=\sqrt{1+t^2}$, 所以问题化为求 $y=a\sqrt{1+t^2}-bt$ 的极值. 应用例 7.5 所用的解法. 因为

$$y+bt=a\sqrt{1+t^2},$$

两边平方后, 可知判别式

$$\Delta = -4a^2(a^2 - b^2 - y^2) \geqslant 0,$$

这等价于 $y \geqslant \sqrt{a^2 - b^2}$, 或 $y \leqslant -\sqrt{a^2 - b^2}$. 又因为

$$y = a\sqrt{1 + t^2} - bt \geqslant at - bt = (a - b)t > 0,$$

所以 $y \geqslant \sqrt{a^2 - b^2}$, 从而 $y_{\min} = \sqrt{a^2 - b^2}$.

因为 $y \geqslant (a - b)t$, 当 θ 任意接近 $\pi/2$ 时, $t = \tan\theta$ 可以取任意大的正值, 所以 y 可以取任意大的正值, 从而无极大值.

解法 2　因为

$$y\cos\theta + b\sin\theta = a,$$

引进辅助角 $\varphi: \cos\varphi = b/\sqrt{b^2 + y^2}, \sin\varphi = y/\sqrt{b^2 + y^2}$ (参见例 4.1), 那么

$$\sin(\theta + \varphi) = \frac{a}{\sqrt{b^2 + y^2}} > 0;$$

又因为 $0 < \sin(\theta + \varphi) \leqslant 1$, 所以

$$0 < \frac{a}{\sqrt{b^2 + y^2}} \leqslant 1.$$

由此解得 (注意 $y > 0$)

$$y \geqslant \sqrt{a^2 - b^2},$$

并且当 $\theta + \varphi = \pi/2$ 时等式成立, 所以 $y_{\min} = \sqrt{a^2 - b^2} (= y_0)$. 此时 $\cos\theta = \sin\varphi = y_0/\sqrt{b^2 + y_0^2} = \sqrt{a^2 - b^2}/a, \tan\theta = \cot\varphi = \cos\varphi/\sin\varphi = b/y_0 = b/\sqrt{a^2 - b^2}$.

同解法 1 可知无极大值.

(2) **解法 1** 因为 $x \geqslant 0$, 若令 $\tan\theta = x/c$, 则 $\theta \in [0, \pi/2)$, 于是 $\sec\theta = \sqrt{x^2 + c^2}/c$. 我们有

$$y = c(a\sec\theta - b\tan\theta).$$

应用本例题 (1) 可知, $y_{\min} = c\sqrt{a^2 - b^2}$ (当 $x = c\tan\theta = bc/\sqrt{a^2 - b^2}$); 无极大值.

解法 2 参见例 7.5 的解法, 或补充练习题 10.35 的解法 1(由读者完成).　　　　　　　　　　　　　　　　　　　　　□

例 9.14 给定函数 $y = x + \dfrac{1}{x^2}$.

(1) 证明: 函数 y 当 $x < 0$ 时单调递增; 当 $0 < x \leqslant \sqrt[3]{2}$ 时单调递减; 当 $x \geqslant \sqrt[3]{2}$ 时单调递增.

(2) 求函数 y 当 $x < 0$ 以及当 $x > 0$ 时的极值.

解 (1) 设 $x_1 < x_2$, 令

$$\Lambda = y(x_2) - y(x_1) = \frac{x_2 - x_1}{x_1 x_2}\left(x_1 x_2 - \frac{1}{x_1} - \frac{1}{x_2}\right).$$

(i) 若 $x_1 < x_2 < 0$, 则 $x_2 - x_1 > 0, x_1 x_2 > 0, -(1/x_1 + 1/x_2) > 0$, 因此 $\Lambda > 0$, 从而 $y(x_2) > y(x_1)$, 即函数 y 当 $x < 0$ 时单调递增.

(ii) 若 $0 < x_1 < x_2 \leqslant \sqrt[3]{2}$, 则 $1/x_1 + 1/x_2 > 1/\sqrt[3]{2} + 1/\sqrt[3]{2} = \sqrt[3]{4}$, $x_1 x_2 < (\sqrt[3]{2})^2 = \sqrt[3]{4}$, 所以 $\Lambda = y(x_2) - y(x_1) < 0$, 即函数 y 在 $(0, \sqrt[3]{2}]$ 上单调递减.

(iii) 若 $x_2 > x_1 \geqslant \sqrt[3]{2}$, 则 $1/x_1 + 1/x_2 < 1/\sqrt[3]{2} + 1/\sqrt[3]{2} = \sqrt[3]{4}$, $x_1 x_2 > (\sqrt[3]{2})^2 = \sqrt[3]{4}$, 所以 $\Lambda = y(x_2) - y(x_1) > 0$, 即函数 y 在 $[\sqrt[3]{2}, +\infty)$ 上单调递增.

(2) **解法 1** (i) 当 $x < 0$ 时, 本题 (1) 已证函数 y 单调递增. 当 $x = -M(M > 1)$ 时 $y = -M + 1/M^2 < -M + 1$. 因为 M 可取任意大的正数, 所以 y 可以小于任何给定的实数. 同理, 当 $M = -\delta(0 < \delta < 1)$ 时 $y = -\delta + 1/\delta^2 > -1 + 1/\delta^2$. 因为 δ 可取任意接近于 0 的正数 (从而 $1/\delta^2$ 可取任意大的正值), 所以 y 可以大于任何给定的实数. 因此 y 无极值.

(ii) 当 $x > 0$ 时, 本题 (1) 已证函数 y 在 $(0, \sqrt[3]{2}]$ 上单调递减, 当 $x > \sqrt[3]{2}$ 时单调递增. 又因为 x 可取任意接近于 0 的正数, 或取任意大的正数, 所以类似于步骤 (i) 可知, 函数值 y 可大于任何给定的实数. 因此 $y_{\min} = y(\sqrt[3]{2}) = 3\sqrt[3]{2}/2$, 并且无极大值.

解法 2 函数定义域是 $x \neq 0$. 若 $x > 0$, 则由 A.–G. 不等式得到

$$2y = 2x + \frac{2}{x^2} = x + x + \frac{2}{x^2} \geq 3\sqrt[3]{x \cdot x \cdot \frac{2}{x^2}} = 3\sqrt[3]{2},$$

等式仅当 $x = 2/x^2$ 时成立. 因此 $y_{\min} = y(\sqrt[3]{2}) = 3\sqrt[3]{2}/2$.

解法 3 应用定理 8.3(由读者补出). □

例 9.15 设一条长度为 $l(\geq 1)$ 的线段, 两个端点在曲线 $y = x^2$ 上移动, 问何时线段中点离 X 轴最近?

解 **解法 1** 设两个端点分别为 $M(a, a^2), N(b, b^2)$ $(a < b)$. 取 MN 与 X 轴的夹角 θ 为参数, 那么

$$b - a = l\cos\theta, \quad b^2 - a^2 = l\sin\theta.$$

于是可解出 (首先二方程相除求出 $a + b$)

$$a = \frac{1}{2}(\tan\theta - l\cos\theta), \quad b = \frac{1}{2}(\tan\theta + l\cos\theta).$$

所求距离

$$d = \frac{1}{2}(a^2 + b^2) = \frac{1}{4}(\tan^2\theta + l^2\cos^2\theta) = \frac{1}{4}(\sec^2\theta + l^2\cos^2\theta - 1).$$

由此可应用 A.–G. 不等式推出 $d_{\min} = (2l-1)/4$. 对应点 $P(MN$ 的中点) 为 $(\pm\sqrt{l-1}/2, (2l-1)/4)$.

解法 2 设 M, N 同上, $P(x, y)$ 为 MN 的中点, 那么

$$x = \frac{a+b}{2}, \quad y = \frac{a^2 + b^2}{2}.$$

于是

$$(a-b)^2 = 4y - 4x^2, \quad (a^2 - b^2)^2 = 4x^2(4y - 4x^2).$$

将它们代入

$$(a-b)^2 + (a^2 - b^2)^2 = l^2,$$

得到

$$y = x^2 + \frac{l^2}{4(1 + 4x^2)}.$$

将 y 改写为

$$y = \frac{1}{4}\left((1 + 4x^2) + \frac{l^2}{1 + 4x^2}\right) - \frac{1}{4}.$$

然后应用 A.–G. 不等式. □

练习题 9

9.1 (1) 设二次函数

$$F(x, y) = ax^2 + 2bxy + cy^2 + dx + ey + f \quad (x, y \in \mathbb{R}),$$

其中 $a > 0, c > 0, ac > b^2$. 求它的极小值.

(2) 求 $z = x^2 + 2xy + 3y^2 + 2x - 3y\,(x, y \in \mathbb{R})$ 的极小值及达到极小值的点 (x, y).

9.2 求 $f = (1 - x)^5 (1 + x)(1 + 2x)^2$ 的极大值.

9.3 (1) 说明: 为什么应用例 3.1 中的方法求 $f(x) = 3x^2 + 3x + 80/x^3\,(x > 0)$ 的极值失效.

(2) 用适当的 (初等) 方法求本题 (1) 中的极值.

9.4 求 $f(x)$ 的极值:

(1) $f(x) = x^4 + 8x^2 - 9$.

(2) $f(x) = -x^4 + 8x^2 - 9$.

9.5 (1) 给定一个单位圆 (即圆半径为 1)O, 以及圆的直径 AB 上的一点 F. 求过点 F 作圆的一条弦 CD, 使得四边形 $ACBD$ 的面积最大, 并求此最大面积.

(2) 已知直线 l_1 与直线 l_2 平行, P 是它们形成的带形中的一点. 在 l_1 和 l_2 上各求一点 A_1, A_2, 使得 $\angle A_1 P A_2$ 是直角, 并且 $\triangle A_1 P A_2$ 面积最小.

9.6 (1) 设 P 是矩形 $ABCD$ 内的定点. 在矩形边 AB, BC, CD, DA 上各取一点 K, L, M, N, 使得闭折线 $PKLMNP$ 长度最短.

(2) 证明: 上述闭折线 $PKLMNP$ 形成一个平行四边形.

9.7 求函数 $y = \dfrac{(1 + \sin x)^2}{\sin x(1 - \sin x)}\,(0 < x < \pi/2)$ 的极值.

9.8 求 $f(x, y) = x + y$ 的极值, 其中 x, y 满足条件 $(x - 1)^2 + (y - 1)^2 \leqslant 1, 0 < x \leqslant 1, 0 < y \leqslant 1$.

9.9 (1) 求函数 $y = \sqrt{1 - x} + \sqrt{1 + x}$ 的极值.

(2) 求 $y = 4x + \sqrt{3 - x^2}$ 的极值.

(3) 求 $y = -8x + 5\sqrt{4x^2 + 9}$ 的极小值.

9.10 证明: 函数 $y = \dfrac{x}{1 + x^2}$ 的极值是 $y_{\max} = y(1) = \dfrac{1}{2}, y_{\min} = y(-1) = -\dfrac{1}{2}$.

9.11 设函数 $y = x^3 + px + q$. 证明:

(1) 若 $p > 0$, 则函数 y 在 $\mathbb{R}$ 上单调递增.

(2) 若 $p < 0$, 则函数 y 当 $x < -\sqrt{-p/3}$ 以及 $x > \sqrt{-p/3}$ 时单调递增; 当 $x \in [-\sqrt{-p/3}, \sqrt{-p/3}]$ 时单调递减.

9.12 讨论函数 $y = -\cos x \sin^2 x$ 的单调区间, 并求其极值.

9.13 设 $a > 0, y = ax^3 + bx^2 + cx + d$. 记 $\Delta = b^2 - 3ac$. 证明:

(1) 若 $\Delta \leqslant 0$, 则函数 y 在 $\mathbb{R}$ 上单调递增.

(2) 若 $\Delta > 0$, 则

(i) 当 $x \leqslant -\dfrac{b + \sqrt{\Delta}}{3a}$ 时, 函数 y 单调递增;

(ii) 当 $x \in \left[-\dfrac{b + \sqrt{\Delta}}{3a}, -\dfrac{b - \sqrt{\Delta}}{3a} \right]$ 时, 函数 y 单调递减.

(iii) 当 $x \geqslant -\dfrac{b - \sqrt{\Delta}}{3a}$ 时, 函数 y 单调递增.

9.14 求函数 $y = 3\cos x + 2\cos 2x + \cos 3x \, (x \in \mathbb{R})$ 的极值.

9.15 证明: 过曲线 $xy = -1 \, (x < 0)$ 上任意一点所作直线在第二象限截出的三角形的面积的最小值都相同.

10　补充练习题

本节的练习题无论是主题或是难易程度, 都是混合编排的, 供读者选用.

10.1　证明: 0 不可能是函数 $y = \cos\sqrt{x} - \sin\sqrt{1-x}$ 的极值.

10.2　设 a, b, c 是任意常数, x, y 可取任何实数, 求 $f = x^2 + y^2 + ax + by + c$ 的极小值.

10.3　(1)　设 $a > 0$. 求表达式

$$x + \frac{a}{y(x-y)}$$

当 $x > y > 0$ 时的极小值.

(2)　求 $f(x, y) = x^2 + xy$ 的极小值, 其中 $x, y > 0, x^2 y = a(a > 0)$ 是常数.

(3)　设 x, y, z 是满足条件 $xyz = 81$ 的正数, 求 $f(x, y, z) = x^4 + y^4 + 2z^2$ 的极值.

(4)　设 x, y, r, s 是满足条件 $x^2 + y^2 = 1, r^2 + s^2 = 1$ 的任意实数, 求 $rx + sy$ 的极小值.

10.4　(1)　求 $f = xy + 2xz + 3yz$ 在约束条件 $xyz = 48, x, y, z > 0$

下的极小值.

(2) 求 $f = x^2 + 12y + 10xy^2$ 在约束条件 $xy = 6, x, y > 0$ 下的极小值.

10.5 设 $a_1, a_2, \cdots, a_n$ 是任意实数, A_n 是它们的算术平均. 证明:

$$f(x) = (x - a_1)^2 + (x - a_2)^2 + \cdots + (x - a_n)^2$$

的最小值是 $f(A_n)$.

10.6 设 $n \geqslant 2, a_1 < a_2 < \cdots < a_n$, 求

$$f(x) = |x - a_1| + |x - a_2| + \cdots + |x - a_n|$$

的极小值.

10.7 求函数 $f(x) = ax^4 + bx^2 + c\,(ab < 0, x \in \mathbb{R})$ 的极值.

10.8 求函数 $f(x)$ 的极值:

(1) $f(x) = \sqrt{x^2 + 4x + 85} - \sqrt{x^2 + 4x + 40}$.

(2) $f(x) = x^2 + 2x - 2\sqrt{x^2 + 2x + 3} + 5$.

10.9 求曲线 $y = \dfrac{2x}{1 + x^2}$ 的最高点和最低点的坐标.

10.10 求 y 的极小值:

(1) $y = \dfrac{4}{x} + \dfrac{1}{1 - x}\,(0 < x < 1)$.

(2) $y = (x - 2)(x - 4)(x - 6)(x - 8) + 12$.

10.11 求函数

$$f(x, y, z) = (x - 1)^2 + \left(\frac{y}{x} - 1\right)^2 + \left(\frac{z}{y} - 1\right)^2 + \left(\frac{4}{z} - 1\right)^2$$

在区域 $1 \leqslant x \leqslant y \leqslant z \leqslant 4$ 中的极小值.

10.12 (1) 设正整数 a, b, c, d, e 满足条件

$$a + b + c + d + e = 8,$$

$$a^2 + b^2 + c^2 + d^2 + e^2 = 16,$$

求 e 的极大值.

(2) 设变量 x, y, z, t 满足 $mx + ny + pz + qt = A$, 其中 m, n, p, q, A 是常数, 求 $f = x^2 + y^2 + z^2 + t^2$ 的极小值.

10.13 设 $x, y > 0, (x + y - xy)(x + y + xy) = xy$, 求下列函数的最小值:

(1) $f(x, y) = x + y - xy$.

(2) $g(x, y) = x + y + xy$.

10.14 设 $p, q > 0$ 是有理数, 求函数 y 的极值:

(1) $y = \sin^p x \cos^q x \, (0 \leqslant x \leqslant \pi/2)$.

(2) $y = \tan^p x + \cot^q x \, (0 < x < \pi/2)$.

10.15 求函数 $y = \sin^2 x + p \sin x + q \, (-\pi/2 \leqslant x \leqslant \pi/2)$ 的极值.

10.16 在 $\triangle ABC$ 中, 求:

(1) $y = \sin \dfrac{A}{2} \sin \dfrac{B}{2} \sin \dfrac{C}{2}$ 的极大值.

(2) $y = \tan^2 \dfrac{A}{2} + \tan^2 \dfrac{B}{2} + \tan^2 \dfrac{C}{2}$ 的极小值.

(3) $y = \tan \dfrac{A}{2} \tan \dfrac{B}{2} \tan \dfrac{C}{2}$ 的极大值.

(4) $y = \cos \dfrac{A}{2} \cos \dfrac{B}{2} \cos \dfrac{C}{2}$ 的极大值.

10.17 求函数 $y = \dfrac{2 - \cos x}{\sin x} \, (0 < x < \pi)$ 的极值.

10.18 设 α,β 是方程

$$x^2 - (\sqrt{\sin\theta} + \sqrt{\cos\theta})x + \sqrt{\frac{\sin 2\theta}{2}} = 0$$

的两个根, 求 θ, 使得 $\alpha^2 + \beta^2$ 极大.

10.19 (1) 求函数 $f(x)$ 的极值:

$$f(x) = \frac{\cos\frac{3}{2}x}{\sqrt{1-\cot x}} + \frac{\sin\frac{3}{2}x}{\sqrt{1+\cot x}} \quad \left(\frac{\pi}{4} \leqslant x \leqslant \frac{\pi}{3}\right).$$

(2) 当 $-1 \leqslant x \leqslant 1, 0 \leqslant \theta \leqslant \pi$ 时, 求

$$f(x) = \frac{1}{2}(\sin\theta)x^2 - x + \frac{1}{2}\sin\theta + \sqrt{3}\cos\theta.$$

的极小值 m; 将 m 看作 θ 的函数, 求 $m(\theta)$ $(0 \leqslant \theta \leqslant \pi)$ 的极小值.

(3) 设 $1 \leqslant x \leqslant 2, 0 \leqslant \theta \leqslant \pi/4$, 并令

$$f(x) = x\cos^2\theta + (4-2x)\sin\theta\cos\theta + (2-x)\sin^2\theta.$$

求 $f(x)$ 的极大值 M 和极小值 m; 并分别求 $M(\theta)$ 和 $m(\theta)$ 当 $0 \leqslant \theta \leqslant \pi/4$ 时的极值.

(4) 设 $\cos x - \sin x = a$, 求 a 使得 $y = \cos^3 x - \sin^3 x$ 达到极大, 并求这个极大值.

(5) 设 $0 \leqslant x, y < 2\pi$, 求 $f(x,y) = 2\sin x + \sqrt{3}\cos x \sin y + \cos x \cos y$ 的极值, 以及达到极值的 x, y 的值.

(6) 设 $x, y \in (0, \pi/2), x + y = \sigma$(定值), 求 $f(x,y) = \csc x + \csc y$ 的极小值.

10.20 求函数 f 的极大值或极小值:

(1) $f = \dfrac{\sin x - 1}{\sin x - 2} - \dfrac{2 - \sin x}{3 - \sin x}$.

(2) $f = (5 - \cos x)(2 + \cos x)$.

(3) $f = \sec^2 x + \csc^2 x \sec^2 y \csc^2 y \, (0 < x, y < \pi/2)$.

(4) $f = \dfrac{\sec^2 x - \tan x}{\sec^2 x + \tan x}$.

(5) $f = \dfrac{2\cos x}{\sqrt{3}} + \dfrac{\sqrt{3}}{2\cos x}$.

(6) $f = \dfrac{(a + \cos x)(b + \cos x)}{1 + \cos x}$, 其中 $(a-1)(b-1) > 0$.

(7) $f = \dfrac{1}{10}(\sin^{10} x + \cos^{10} x) + \sin^2 x \cos^2 x$.

(8) $f = \sin x + \sin y + \sin(x + y)$.

10.21 (1) 求函数 $y = \cos(2\arcsin x) + 2\sin(\arcsin x)$ 的极值.

(2) 设 $y = \cos^2 x + b\sin x + c$. 如果 $y_{\max} = 9, y_{\min} = 6$, 求 b, c.

(3) 求在约束条件 $x > 0, y \geqslant 0, 2x + 4y = 1$ 之下函数 $f(x, y) = \log_{1/3}(8xy + 4y^2 + 1)$ 的极值.

(4) 求在约束条件 $0 < y < 2, x^2 + 3y = 6$ 之下函数 $f(x, y) = \log_{1/2} x - \log_2(xy)$ 的极值.

10.22 (1) 设点 (x, y) 在圆 $x^2 + y^2 = 5$ 上, 求 $f(x, y) = 3x^2 + 4xy + 6y^2$ 的极值.

(2) 设 $5x^2 - 2xy + y^2 = 4$, 求 $f(x, y) = x^2 + xy + 2y^2$ 的极值.

(3) 设 $x, y, z > 0, \dfrac{1}{x} + \dfrac{1}{y} + \dfrac{1}{z} = \dfrac{1}{xyz}$, 求

$$f(x, y, z) = \sqrt{1 + x^2} + \sqrt{1 + y^2} + \sqrt{1 + z^2}$$

的最小值.

10.23 (1) 设弓形的弧小于半圆, 问何时它的内接矩形 (矩形的

一条边在弓形的弦上) 面积最大?

(2) 设扇形 AOB 的半径为 r, 中心角为 $2\alpha(<\pi)$, 求其面积最大的内接矩形 (边界半径上各有一个顶点).

10.24 (1) 证明: 若四边形的各边长给定, 则当它内接于圆时面积最大.

(2) 若四边形的三条边长之和给定, 问四边形何时具有最大面积?

10.25 (1) 已知 $\triangle ABC$ 的底边 BC 固定, 顶点 A 在与 BC 平行的直线 l 上. 求 A 的位置, 使得 $\triangle ABC$ 的内切圆半径最大.

(2) 已知 $\triangle ABC$ 的顶角 A 和内切圆半径 r 的值给定, 问何时周长最小?

10.26 (1) 设 $\angle AOB$ 是直角, P 是角内部一个定点. 求过 P 作直线与 OA, OB 分别交于点 M, N, 使得 MN 最长 (实际事例: 水平竿通过走廊的直角拐弯).

(2) 在长度为 l 的线段 AB 的端点各有一个光源, 强度分别为 I_1, I_2, 求 AB 上亮度最小的点 (某点的亮度与它到光源的距离的平方成反比).

10.27 给定曲线 $y = -x^2 + 12$, 它与 X 轴围成的区域记作 $\mathscr{D}$.

(1) 求 $\mathscr{D}$ 的内接矩形, 其一条边在 X 轴上, 并且面积最大.

(2) 求 $\mathscr{D}$ 的内接梯形, 其下底取 $\mathscr{D}$ 的直线边界, 并且面积最大.

10.28 (1) 求点 $A(a, 0)$ 与抛物线 $y^2 = 4x$ 各点间的最短距离.

(2) 求曲线 $y = x^2$ 上与点 $P(0, c)$ 最近的点.

10.29 (1) 求点 $P(0, 9)$ 与椭圆 $x^2/100 + y^2/25 = 1$ 上各点间的

最近距离和最远距离.

(2) 设 $k>0$ 是常数. 求椭圆 $x^2/25+y^2/9=1$ 上与点 $P(k,0)$ 距离最近的点.

10.30 (1) 求曲线 $x^4/a^4+y^4/b^4=1$ 上相距最远的两点.

(2) 求曲线 $xy^2=a\,(a>0)$ 上离原点最远的点.

10.31 在单位正方形 $ABCD$ 的边 AB,BC,CD,DA 上依次任取点 A_1,B_1,C_1,D_1, 记四边形 $A_1B_1C_1D_1$ 各边长为 $a(=A_1B_1),b,c,d$, 则 $\max(a,b,c,d)\geqslant\sqrt{2}/2$.

10.32 分别求曲线

$$2x^2+2xy+y^2+4x+4y-14=0$$

上 Y 坐标及 X 坐标最大和最小的点.

10.33 (1) 设 $\triangle ABC$ 的内角 A 和面积 S 保持不变, 问何时其周长最小?

(2) 设 $\triangle ABC$ 的内角 A 和周长 l 保持不变, 问何时其面积最大?

10.34 设 $a\neq 0$ 是常数, 求函数

$$y=\frac{12x(x-a)}{x^2+36}$$

的极值. 若要求极值为整数, 求整数 a 的值.

10.35 设 $\alpha>1,\beta>0$ 为常数, 求函数 $y=\sqrt{\alpha x^2+\beta}-x$ 当 $x\geqslant 0$ 时的极小值.

10.36 证明: 在 $\triangle ABC$ 中, $\cot A+\cot B+\cot C$ 取得极小值的必要条件是三角形三个内角相等.

10.37 应用二次方程判别式解例 4.3.

10.38 二平面 $x - y - 2a = 0, ax + ay + z = 0$ 的交线是 l, 点 $P(0, 0, -2)$ 与 l 的距离是 $d(a)$. 求 $d(a)$(关于 a) 的极小值.

10.39 求无穷数列

$$1, \sqrt{2}, \sqrt[3]{3}, \sqrt[4]{4}, \cdots, \sqrt[n]{n}, \cdots$$

中的最大数.

10.40 求函数的极大值或极小值:

(1) $f(x, y) = |x + y|$, 其中 x, y 满足条件 $x^2 - 2xy + 2y^2 = 2$.

(2) $f(x, y) = x^2 - xy + y^2$, 其中 x, y 满足条件 $1 \leqslant x^2 + y^2 \leqslant 2$.

(3) $f(x, y, z) = \dfrac{x + y}{z}$, 其中 x, y, z 满足条件 $x, y, z > 0, x^2 + y^2 - z^2 = 0$.

10.41 求周长一定的直角三角形的最大面积.

10.42 直角三角形 ABC 中, C 为直角, $AB = 5, BC = 4$. 在 BC 和 AB 上各取点 M, N 使得 MN 平分 $\triangle ABC$ 的面积, 并且 MN 最短.

10.43 (1) 过矩形 $ABCD$ 的顶点 A 作直线交 DC 于 P, 交 BC 的延长线于 Q. 则当 $DP : PC = 1 : (\sqrt{2} - 1)$ 时, $\triangle APD$ 与 $\triangle CPQ$ 面积之和最小.

(2) 已知两直线 l_1, l_2 平行, M, N 是 l_1 上的两定点, P 是 l_2 上一定点. 点 I 在线段 MP 上. 直线 NI 与 l_2 交于 Q. 求 I 的位置, 使得 $\triangle MNI$ 与 $\triangle PQI$ 的面积之和最小.

10.44 证明: 外切于一个定圆的等腰三角形中, 正三角形有最小的面积和最小的周长.

10.45 在半径为 r 的圆 O 的一条直径上有两点 P 和 $P', OP = OP', PP' \geqslant \sqrt{2}r$. 过 P, P' 作互相平行的两条直线 PA, PA', 分别交圆于 A, A'. 求四边形 $PAA'P'$ 的面积的最大值.

10.46 证明: 底边 a 及另二边之和 $b+c$ 都一定的三角形中, 等腰 $(b=c)$ 三角形面积最大.

10.47 证明: 对于边长为 a, b 的矩形的外接矩形, 其面积至少为 ab, 至多为 $(a+b)^2/2$.

10.48 过圆 O 内一给定点 P 作互相垂直的两条弦 AC, BD, 求 $AC + BD$ 的最大值和最小值.

10.49 求最大的常数 $k > 0$, 使得不等式 $x^3 + 1 \geqslant kx \, (x > 0)$ 成立.

10.50 设平面点集 $A = \{(\sin t, 2\sin t \cos t) \mid 0 < t < 2\pi\}, C(r) = \{(x, y) \mid x^2 + y^2 \leqslant r^2\}$. 求最小的 r 使得 $A \subseteq C(r)$.

11 练习题的解答或提示

1.1 答案:(1) a^2(当 $a \geqslant 1$);a(当 $0 < a < 1$). (2) $\sqrt{a} + \sqrt{b}$.

1.2 因为 n 是奇数, 所以

$$2^n + 1 = (2+1)(2^{n-1} - 2^{n-2} + \cdots - 2 + 1)$$
$$= 3(2^{n-1} - 2^{n-2} + \cdots - 2 + 1),$$

因此 $\min S_n = 2^n + 1$. 又因为

$$2^{n+1} - 1 = (2^{n+1} + 2) - 3 = 2(2^n + 1) - 3,$$

并且 $3 | 2^n + 1$, 所以 $\max S_n = 2^{n+1} - 1$.

1.3 (1) **提示** 应用函数图像. 当 $|x|$ 增大时 $|y|$ 也增大.

(2) 当 $a > 0$ 时, $y_{\max} = a\beta + b, y_{\min} = a\alpha + b$; 当 $a < 0$ 时, $y_{\max} = a\alpha + b, y_{\min} = a\beta + b$.

(3) 当 $a > 0$ 时, $y_{\max} = a\beta + b, y_{\min}$ 不存在; 当 $a < 0$ 时, $y_{\min} = a\beta + b, y_{\max}$ 不存在.

1.4 设斜边 $AB = c$ 且位置固定, 以 AB 为直径作圆, 那么对于圆周上任意一点 C(但 A, B 除外), $\triangle ABC$ 是斜边长为 c 的直角三角

形. 对于不在圆周上的点 C', $\triangle ABC'$ 不是直角三角形. 由对称性可知, 当点 C 在上半圆弧 AB(但点 A, B 除外) 上移动时, 我们得到所有斜边为 c 的直角三角形. 当 C 是弧 AB 的中点时, 这些三角形的斜边上的高的长度达到最大, 因此 $\max S = c \cdot (c/2)/2 = c^2/4$(对应的三角形是等腰直角三角形).

2.1 令 $z = 9 + x^2 - 2x$, 则 $z_{\min} = 8$, 特别可知, 当 $x \in \mathbb{R}$ 时 $z > 0$, 因此 $y > 0$, 并且 $y_{\max} = 1/8$, 没有极小值.

2.2 (1) 当 $ax = b/x$, 即 $x = \sqrt{b/a}$ 时, $ax + b/x$ 取最小值 $a \cdot \sqrt{b/a} + b/\sqrt{b/a} = 2\sqrt{ab}$.

(2) 当 $ax = by = c/2$, 即 $x = c/(2a), y = c/(2b)$ 时, $(ax)(by)$ 取最大值 $(c/2)^2$, 因而 xy 取最大值 $c^2/(4ab)$.

2.3 设其长为 $x\,(\mathrm{m})$, 宽为 $y\,(\mathrm{m})$, 那么其体积 $V = 1 \cdot xy = xy\,(\mathrm{m}^3)$, 表面积 $S = 2x + 2y + 2xy\,(\mathrm{m}^2)$, 其中 $x, y > 0$. 因为 $V = 1\,(\mathrm{m}^3)$, 所以 $xy = 1, y = 1/x$, 于是

$$S = 2 + 2\left(x + \frac{1}{x}\right).$$

注意 $x \cdot (1/x) = 1$(定值), 由此 (依例 2.5) 求出当 $x = 1, y = 1$(即立方体) 时, $S_{\min} = 2 + 2 \cdot 2 = 6$(没有最大值).

2.4 **提示** 设长方形的底边为 x, 则高为 $(\sqrt{3}/2)(1-x)$. 长方形面积 $S = -(\sqrt{3}/2)x^2 + (\sqrt{3}/2)x$. 答案: 长方形的底边为 $1/2$, 高为 $\sqrt{3}/4$ 时, 达到最大面积 $\sqrt{3}/8$.

2.5 **提示** 设正三角形边长为 x, 矩形另一边长为 y, 那么

$l = 3x + 2y$, 图形面积

$$S = xy + \frac{\sqrt{3}}{4}x^2 = -\frac{1}{4}(6 - \sqrt{3})x^2 + \frac{l}{2}x.$$

因此当 $x = l/(6 - \sqrt{3}) = (6 + \sqrt{3})l/33, y = (5 - \sqrt{3})l/22$ 时, 面积最大.

或者: 因为

$$\begin{aligned}
S &= \frac{x}{4}\big(2l - (6 - \sqrt{3})x\big) \\
&= \frac{1}{4} \cdot \frac{1}{6 - \sqrt{3}} \cdot (6 - \sqrt{3})x \cdot \big(2l - (6 - \sqrt{3})x\big),
\end{aligned}$$

所以也可应用例 2.2.

2.6 设 $AC = a, AB = x$, 则 $CD = 2x/5$, 于是

$$\begin{aligned}
BD &= \sqrt{BC^2 + CD^2} = \sqrt{(a - x)^2 + \frac{4}{25}x^2} \\
&= \frac{1}{5}\sqrt{29x^2 - 50ax + 25a^2}.
\end{aligned}$$

对于 $y = 29x^2 - 50ax + 25a^2$, 判别式 $\Delta = -400a^2 < 0$, 因此 $y > 0(x \in \mathbb{R})$. 当 $x = 25a/29$(即 $AB : AC = 25/29$) 时, $y_{\min} = 100a^2/29$, 从而 BD 取得最小值 $2\sqrt{29}a/29$.

2.7 设圆 O 半径为 $r, OP = a$. 圆心 O 到 BD 的距离为 x. 那么 O 与 AB 的距离等于 $\sqrt{a^2 - x^2}$. 由此可算出

$$BD = 2\sqrt{r^2 - x^2}, \quad AC = 2\sqrt{r^2 - (\sqrt{a^2 - x^2})^2} = 2\sqrt{r^2 - a^2 + x^2}.$$

于是四边形 $ABCD$ 的面积

$$S = \frac{1}{2}AC \cdot BD = 2\sqrt{(r^2 - x^2)(r^2 - a^2 + x^2)}.$$

只需讨论

$$S^2 = 4(r^2 - x^2)(r^2 - a^2 + x^2)$$

的极大值. 依例 2.2 可知当 $x = \sqrt{2}a/2$ 即 OP 与 AC, BD 成等角时, $S_{\max} = 2r^2 - a^2$.

2.8 提示 对于点 $A, d^2 = (x-3)^2 + y^2 = (x-3)^2 + (2x^2 - 2) = 3x^2 - 6x + 7$. 所求点是 $(1,0)$. 对于点 $B, d^2 = 3x^2 - 12x + 34$. 所求点是 $(2, \pm\sqrt{6})$.

2.9 提示 由定理 2.1 求出 $\sigma(m) = m^2 - m + 1$. 仍然由此定理求出 $\sigma(m)$(其中 m 作为自变量) 的极小值等于 $3/4$.

3.1 (1) $f = x^2(a-x)$. 当 $x \geqslant a$ 时 $f \leqslant 0$. 当 $0 < x < a$ 时, $f = 4 \cdot (x/2)(x/2)(a-x), x/2, x/2, a-x$ 全为正数, 其和等于 a, 因此当 $x/2 = a - x = a/3$ 即 $x = 2a/3$(显然此值 $< a$) 时, f 取极大值 $4a^3/27$. 合并两种情形可知 $f_{\max} = f(2a/3) = 4a^3/27$.

(2) **提示** $f^2 = x^2(a^2 - x^2)$. 答案: $f_{\max} = f(\sqrt{2}a/2) = a^2/2$.

3.2 提示 (1) $f = x/2 + x/2 + a/x^2, (x/2)(x/2)(a/x^2) = a/4$ 是定值. 答案: $f_{\min} = f(\sqrt[3]{2a}) = 3\sqrt[3]{2a}/2$.

(2) $f \neq 0, 1/f = x^2 + a/x = x^2 + a/(2x) + a/(2x)$. 答案: $f_{\min} = f(\sqrt[3]{4a}/2) = \sqrt[3]{4a}/(3a)$.

3.3 提示 (1) $x + y \geqslant 1$ 时 $f \leqslant 0$, 所以 f 有极大值 0. 当 $x + y < 1$ 时, 将 f 的表达式改写为

$$f = 2^2 \cdot 3^3 \cdot \frac{x}{2} \cdot \frac{x}{2} \cdot \frac{y}{3} \cdot \frac{y}{3} \cdot \frac{y}{3} \cdot (1 - x - y).$$

合并两种情形, 得到答案: $f_{\max} = 1/432$(当 $x = 1/3, y = 1/2$ 时达到).

(2) 函数定义域是 $x > -6/5$. 改写 f 为

$$f = \sqrt{5x+6} + \sqrt{5x+6} + \sqrt{5x+6} + \sqrt{5x+6} + \frac{1}{(5x+6)^2},$$

然后 (当 $x > -6/5$) 应用 A.–G. 不等式. 答案: $f_{\min} = f(-1) = 5$.

3.4 提示 参见例 3.5. 下面是一种解法 (读者可考虑其他解法). 设外切圆锥的底角为 2θ, 底面半径为 R, 高为 h. 那么

$$R = r\cot\theta, \quad h = \frac{(1+\cos 2\theta)r}{\cos 2\theta} = \frac{r \cdot 2\cos^2\theta}{\cos^2\theta - \sin^2\theta} = \frac{2r}{1-\tan^2\theta}.$$

于是圆锥体积

$$V = \frac{1}{3}\pi R^2 h = \frac{2\pi r^3}{3} \cdot \frac{1}{\tan^2\theta(1-\tan^2\theta)}.$$

因为 $\tan^2\theta + (1-\tan^2\theta) = 1$(两个加项都是正数), 所以当 $\tan^2\theta = 1/2$ 时 V 达到极小, 此时 $h = 2r/(1-\tan^2\theta) = 4r$, V 的最小值为 $8\pi r^3/3$.

3.5 提示 设内接圆柱的底面 (圆) 半径是 r, 圆柱的高为 h, 那么圆柱侧面积 $S = 2\pi rh$. 由对称性可知圆柱通过球心的高被球心平分, 因此由勾股定理得到 $(h/2)^2 + r^2 = R^2$, 于是 $h = 2\sqrt{R^2-r^2}$, 从而圆柱侧面积

$$S = 4\pi r\sqrt{R^2-r^2}.$$

考虑 S^2, 当 $r^2 = R^2 - r^2$, 即 $r = R/\sqrt{2}$ 时 (此时圆柱的轴截面是一个正方形), S^2(因而 S) 取极大值, 且 S 的极大值等于 $2\pi R^2$.

3.6 设长方形的底为 $2x$, 高为 $2y$, 则所求面积 $S = 4xy + \pi x^2 + \pi y^2 = 4xy + \pi\big((x+y)^2 - 2xy\big) = (4-2\pi)xy + \pi(x+y)^2$. 由 $2(2x+2y) = 4p$ 可知 $x+y = p$, 所以 $S = \pi p^2 - 2(\pi-2)xy$. 注意 x, y 是和为定值 p

的正数, 所以 xy 有极大值 $p^2/4$, 从而 $S_{\min} = \pi p^2 - 2(\pi - 2)(p^2/4) = (\pi/2 + 1)p^2$.

3.7 设圆柱体积为 V, 底面半径为 r, 高为 h, 那么表面积 $S = 2\pi r^2 + 2\pi rh$. 由体积公式可知 V, r, h 之间有关系式 $V = \pi r^2 h$. 将 S 改写为

$$S = 2\pi r^2 + \pi rh + \pi rh,$$

那么三个正数 $2\pi r^2, \pi rh, \pi rh$ 之积等于 $2\pi^3 r^4 h^2 = 2\pi(\pi r^2 h)^2 = 2\pi V^2$ 是定值. 因此当 $2\pi r^2 = \pi rh = \sqrt[3]{2\pi V^2}$ 时 S 取最小值. 由 $2\pi r^2 = \pi rh$ 可知 $h = 2r$, 所以圆柱轴截面是正方形.

或者: 由 $V = \pi r^2 h$ 解出 $h = V/(\pi r^2)$, 将此代入 S 的表达式中, 得到

$$S = 2\pi r^2 + \frac{2V}{r} = 2\pi r^2 + \frac{V}{r} + \frac{V}{r},$$

也可推出题中的结论 (读者补出计算细节).

3.8 提示 设题中正圆锥的高为 H, 底面半径为 R, 内接正圆锥的高为 h, 底面半径为 r. 由相似三角形性质得到 $r : R = (H - h) : H$, 因此 $h = H(1 - r/R)$. 于是内接正圆锥的体积

$$V = \frac{1}{3}\pi H \left(1 - \frac{r}{R}\right) r^2.$$

注意

$$2V = \frac{\pi H}{3R} \cdot r \cdot r \cdot 2(R - r),$$

以及 $r, R - r > 0$, 并且 $r + r + 2(R - r) = 2R$ 是常数. 由此可推出: 当 $r = 2R/3$ 即 $h = H/3$ 时, $V_{\max} = 4\pi R^2 H/81 = 4V_0/27$.

3.9 记 $PA=a,PB=b,PC=c$. 那么四面体体积 $V=\dfrac{1}{3}\cdot a\cdot\dfrac{bc}{2}=\dfrac{abc}{6}$. 还有

$$p=a+b+c+\sqrt{a^2+b^2}+\sqrt{b^2+c^2}+\sqrt{c^2+a^2}.$$

由 A.–G. 不等式及不等式 $a^2+b^2\geqslant 2ab$ 等等可知

$$a+b+c\geqslant 3\sqrt[3]{abc},$$
$$\sqrt{a^2+b^2}+\sqrt{b^2+c^2}+\sqrt{c^2+a^2}\geqslant\sqrt{2ab}+\sqrt{2bc}+\sqrt{2ca}$$
$$\geqslant 3\sqrt[3]{\sqrt{2ab}\cdot\sqrt{2bc}\cdot\sqrt{2ca}}=3\sqrt{2}\sqrt[3]{abc},$$

其中等式仅当 $a=b=c$ 时成立. 于是

$$p\geqslant 3\sqrt[3]{abc}+3\sqrt{2}\sqrt[3]{abc}=3(\sqrt{2}+1)\sqrt[3]{abc},$$

从而

$$V=\frac{1}{6}abc\leqslant\frac{1}{6}\left(\frac{p}{3(\sqrt{2}+1)}\right)^3=\frac{p^3}{162(\sqrt{2}+1)^3}=\frac{5\sqrt{2}-7}{162}p^3.$$

当 $a=b=c$ 时, V 取极大值 $(5\sqrt{2}-7)p^3/162$.

3.10 保持例 3.6 中的符号. 并记 $g=x_1^{r_1}x_2^{r_2}\cdots x_n^{r_n}$. 那么

$$g^M=x_1^{s_1}x_2^{s_2}\cdots x_n^{s_n}$$
$$=s_1^{s_1}s_2^{s_2}\cdots s_n^{s_n}\left(\frac{x_1}{s_1}\right)^{s_1}\left(\frac{x_2}{s_2}\right)^{s_2}\cdots\left(\frac{x_n}{s_n}\right)^{s_n}.$$

因为 $s_1+s_2+\cdots+s_n=s$ 个正数之和

$$\left(\frac{x_1}{s_1}+\cdots+\frac{x_1}{s_1}\right)+\left(\frac{x_2}{s_2}+\cdots+\frac{x_2}{s_2}\right)+\cdots+\left(\frac{x_n}{s_n}+\cdots+\frac{x_n}{s_n}\right)$$

$$= s_1 \cdot \frac{x_1}{s_1} + s_2 \frac{x_2}{s_2} + \cdots + s_n \frac{x_n}{s_n} = x_1 + x_2 + \cdots + x_n = c$$

(其中 x_1/s_1 重复 s_1 次, 等等) 是一个定值, 所以当

$$\frac{x_1}{s_1} = \frac{x_2}{s_2} = \cdots = \frac{x_n}{s_n} = \frac{c}{s},$$

即 (用 M 除各个分式的分母)

$$\frac{x_1}{r_1} = \frac{x_2}{r_2} = \cdots = \frac{x_n}{r_n} = \frac{c}{r}$$

时, g^M 取极大值

$$s_1^{s_1} s_2^{s_2} \cdots s_n^{s_n} \left(\frac{c}{s}\right)^s,$$

因而

$$g_{\max} = \left(s_1^{s_1} s_2^{s_2} \cdots s_n^{s_n}\right)^{1/M} \left(\frac{c}{s}\right)^{s/M}.$$

因为 $s/M = r, s_1^{s_1} s_2^{s_2} \cdots s_n^{s_n} = M^{rM} \left(r_1^{r_1} r_2^{r_2} \cdots r_n^{r_n}\right)^M$ (参见例 3.6), 所以化简后得到

$$g_{\max} = r^{-r} r_1^{r_1} r_2^{r_2} \cdots r_n^{r_n} c^r.$$

3.11 **提示** 应用定理 3.3.

4.1 (1) **提示** 参见例 4.1. 答案: 当 $x = n\pi + \pi/3\,(n \in \mathbb{Z})$ 时取极大值 2; 当 $x = n\pi - \pi/6\,(n \in \mathbb{Z})$ 时取极小值 0.

(2) $y = 3 + 4\sin x - 4(1 - \sin^2 x) = (2\sin x + 1)^2 - 2$. 当 $x = 2n\pi + \pi/2\,(n \in \mathbb{Z})$ 时取极大值 7; 当 $x = n\pi - (-1)^n \pi/6\,(n \in \mathbb{Z})$ 时取极小值 -2.

(3) **提示** $y = 2\cos^2 x + \cos x - 1$. 极大值为 2, 极小值为 $-9/8$.

(4)　因为

$$y = \frac{1}{2}(2 + 2\sin x + 2\cos x + 2\sin x \cos x)$$
$$= \frac{1}{2}(1 + \sin^2 x + \cos^2 x + 2\sin x + 2\cos x + 2\sin x \cos x)$$
$$= \frac{1}{2}(\sin x + \cos x + 1)^2$$
$$= \frac{1}{2}\left(\sqrt{2}\sin\left(x + \frac{\pi}{4}\right) + 1\right)^2,$$

所以极大值为 $(3 + 2\sqrt{2})/2$, 极小值为 0.

(5)　**提示**　参见例 4.3. $y = 2\sqrt{2}\sin\left(2x + \frac{\pi}{4}\right) + 3$. 极大值为 $3 + 2\sqrt{2}$, 极小值为 $3 - 2\sqrt{2}$.

(6)　**提示**　$y = 2/\sin x$. 答案: $y_{\min} = 2$, 无极大值.

4.2　**提示**　$y = \dfrac{4}{2 + \sin 2x} - 1$. 当 $x = \pi/6$ 或 $\pi/3$ 时取极大值 $(19 - 8\sqrt{3})/13$; 当 $x = \pi/4$ 时取极小值 $1/3$.

4.3　(1)　**提示**　参见例 4.4. 答案: 当 $x = y$ 时取极大值 $2\cos\dfrac{\alpha}{2}$.

(2)　$\sin x \sin y = \big(\cos(x - y) - \cos\alpha\big)/2$, 当 $x = y$ 时有极大值 $\sin^2\dfrac{\alpha}{2}$.

(3)　作恒等变换

$$f = \frac{\sin x \sin y}{\cos x \cos y} = -\frac{\cos(x + y) - \cos(x - y)}{\cos(x + y) + \cos(x - y)}$$
$$= -\frac{\cos\alpha - \cos(x - y)}{\cos\alpha + \cos(x - y)} = -\frac{\cos\alpha - \cos|x - y|}{\cos\alpha + \cos|x - y|},$$

因为 α 是常数, $0 \leq |x - y| < \pi/2, \cos\alpha + \cos|x - y| > 0$, 所以 f 是 $|x - y|$ 的单调减函数. 当 $|x - y| = 0$ 时 f 达到极大, 此时 $f_{\max} = (1 - \cos\alpha)/(1 + \cos\alpha) = \tan^2\dfrac{\alpha}{2}$.

4.4 (1) **提示** 首先导出

$$y = \cos A \cos B \cos C = \frac{1}{2}\big(\cos(A-B) - \cos C\big)\cos C.$$

令 $x = \cos C$, 则有 $x^2 - \big(\cos(A-B)\big)x + 2y = 0$. 因为 x 是实数, 所以上述二次方程的判别式 $\Delta = \cos^2(A-B) - 8y \geqslant 0$, 于是 $y \leqslant \cos^2(A-B)/8 \leqslant 1/8$, 由此可推出: 当 $A = B = C$ 时取极大值 $1/8$. 也可参见例 4.5 后的注 $1°$.

(2) **提示** 首先证明

$$\cos A + \cos B + \cos C = 1 + 4\sin\frac{A}{2}\sin\frac{B}{2}\sin\frac{C}{2},$$

然后应用补充练习题 10.16(1). 答案: 极大值为 $3/2$(当 $A = B = C$ 时). 也可参见例 4.5 后的注 $1°$.

(3) 因为 $\sin A, \sin B, \sin C > 0$, 所以由 A.–H. 不等式及例 4.5(2) 得到

$$\frac{3}{\csc A + \csc B + \csc C} \leqslant \frac{\sin A + \sin B + \sin C}{3} \leqslant \frac{\sqrt{3}}{2},$$

并且等式仅当 $A = B = C$ 时成立. 因此当 $A = B = C$ 时 $\csc A + \csc B + \csc C$ 取极小值 $2\sqrt{3}$.

(4) **提示** 原式展开, 重新分组, 化为

$$(\tan A \cot B + \tan B \cot A) + (\tan B \cot C + \tan C \cot B)$$

$$+ (\tan C \cot A + \tan A \cot C),$$

对每个括号中的式子应用 A.–G. 不等式. 答案: 极小值等于 6.

4.5 (1) **提示** 求出 $y^2 = a^2 + b^2 + \sqrt{4a^2b^2 + (a^2-b^2)^2\sin^2 2x}$. 极大值是 $\sqrt{2(a^2+b^2)}$, 极小值是 $|a| + |b|$.

也可应用柯西不等式求极大值:

$$y^2 \leqslant \left(\left(\sqrt{a^2 \cos^2 x + b^2 \sin^2 x} \right)^2 + \left(\sqrt{a^2 \sin^2 x + b^2 \cos^2 x} \right)^2 \right) (1^2 + 1^2)$$
$$= 2(a^2 + b^2).$$

(2)　因为

$$y = \frac{\sin x \cos x (\sin x + \cos x - 1)}{(\sin x + \cos x + 1)(\sin x + \cos x - 1)},$$

右式分母等于 $(\sin x + \cos x)^2 - 1 = \sin^2 x + 2 \sin x \cos x + \cos^2 x - 1 = 1 + 2 \sin x \cos x - 1 = 2 \sin x \cos x$, 因此

$$y = \frac{1}{2}(\sin x + \cos x - 1) = \frac{1}{2}\left(\sqrt{2} \sin \left(x + \frac{\pi}{4} \right) - 1 \right).$$

于是 y 的极大值是 $(\sqrt{2} - 1)/2$, 极小值是 $-(\sqrt{2} + 1)/2$.

(3)　**解法 1**　我们有

$$y^2 = \sec^2 x + 2 \sec x \csc x + \csc^2 x$$
$$= \tan^2 x + \cot^2 x + 2 + \frac{2}{\sin x \cos x}$$
$$= 2 + (\tan^2 x + \cot^2 x) + \frac{4}{\sin 2x}.$$

注意 $0 < 2x < \pi$, 所以 $\sin 2x \leqslant 1$, 仅当 $x = \pi/4$ 时等式成立. 又由 A.–G. 不等式, 有

$$\tan^2 x + \cot^2 x \geqslant 2 \tan x \cot x = 2,$$

仅当 $\tan^2 x = \cot^2 x$ 即 $x = \pi/4$ 时成立. 因此 $y^2 \geqslant 2 + 2 + 4 = 8$, 等式仅当 $x = \pi/4$ 时成立. 因此 $y_{\min} = 2\sqrt{2}$. 因为当 x 任意接近于 0 或 $\pi/2$ 时, y 无限增加, 所以无极大值.

解法 2 因为 $y = 1/\cos x + 1/\sin x$, 并且 $\sin x, \cos x > 0$, 所以由 A.-H. 不等式得到

$$y(\sin x + \cos x) \geqslant 2^2 = 4.$$

因为

$$\sin x + \cos x = \sqrt{2}\sin\left(x + \frac{\pi}{4}\right) \leqslant \sqrt{2},$$

所以 $y \geqslant 4/\sqrt{2}, y_{\min} = 2\sqrt{2}$. 同解法 1 可知无极大值.

(4) **提示** 注意 $\sin x, \cos x > 0, 1 - \cos x > 0$. 恒等变形得到

$$y = 4\sin x\cos x - \frac{\sin x}{1 - \cos x} = \sin x\left(4\cos x - \frac{1}{1 - \cos x}\right).$$

由 A.-G. 不等式, $\sqrt{\cos x(1 - \cos x)} \leqslant \big(\cos x + (1 - \cos x)\big)/2 = 1/2$, 所以

$$4\cos x - \frac{1}{1 - \cos x} \leqslant 0,$$

等式仅当 $\cos x = 1 - \cos x$ 即 $x = \pi/3$ 时成立. 因此 $y \leqslant 0, y_{\max} = 0$. 当 x 任意接近于 0 时, $y < 0$ 且 $|y|$ 无限增加, 所以无极小值.

(5) **提示** $y = \sin 2x$, 因此 $y_{\max} = y(45°) = 1, y_{\min} = y(0°) = 0$.

(6) **提示** 积化和差, $y = \lambda\big(\sin(2ax + b + c) + \sin(b - c)\big)/2$. 答案: $\lambda > 0$ 时 $y_{\max} = \lambda\big(1 + \sin(b - c)\big)/2, y_{\min} = \lambda\big(\sin(b - c) - 1\big)/2$; $\lambda < 0$ 时 $y_{\max} = \lambda\big(\sin(b - c) - 1\big)/2, y_{\min} = \lambda\big(1 + \sin(b - c)\big)/2$.

4.6 (i) 设 $x \in \mathbb{R}$. 将 y 改写为

$$y = \frac{a^2 - 1}{4a} \cdot \frac{1}{\cos x + \dfrac{a^2 + 1}{2a}} + \frac{1}{2}.$$

因为 $0 < a < 1$, 所以 $(a^2 + 1)/(2a) > 1, (a^2 - 1)/(4a) < 0$. 于是当 $\cos x = 1$ 时, 得到 $y_{\max} = a/(a + 1)$; 当 $\cos x = -1$ 时得到 $y_{\min} = a/(a - 1)$.

(ii) 设 $x \in [0, \pi/2]$. 由 $0 \leqslant \cos x \leqslant 1$, 可类似地求出: 当 $\cos x = 1$ 时, 得到 $y_{\max} = a/(a+1)$; 当 $\cos x = 0$ 时得到 $y_{\min} = a^2/(a^2+1)$.

注 也可解出 (设 $y \neq 1/2$)

$$\cos x = \frac{a^2 - (a^2+1)y}{a(2y-1)}.$$

然后解 (关于 y 的) 不等式

$$-1 \leqslant \frac{a^2 - (a^2+1)y}{a(2y-1)} \leqslant 1, \quad \text{或} \quad 0 \leqslant \frac{a^2 - (a^2+1)y}{a(2y-1)} \leqslant 1.$$

显然不简便.

4.7 提示 (1) $y = 2\sin^2 x \cos x = 2(1-\cos^2 x)\cos x$, 因此

$$y^2 = 2(2\cos^2 x)(1-\cos^2 x)(1-\cos^2 x).$$

应用 A.–G. 不等式. 答案: $4\sqrt{3}/9$.

(2) $y = \sin x(1 - 2\sin^2 x)$, 因此

$$y^2 = \frac{1}{4}(4\sin^2 x)(1 - 2\sin^2 x)(1 - 2\sin^2 x).$$

答案: $\sqrt{6}/9$.

(3) 作恒等变形

$$\begin{aligned}
y &= \frac{1 + \cot^2 x - \tan^2 x}{\cot^2 x + \tan^2 x - 1} = \frac{\tan^2 x + 1 - \tan^4 x}{1 + \tan^4 x - \tan^2 x} \\
&= \frac{2 - (\tan^4 x - \tan^2 x + 1)}{\tan^4 x - \tan^2 x + 1} = \frac{2}{\left(\tan^2 x - \dfrac{1}{2}\right)^2 + \dfrac{3}{4}} - 1.
\end{aligned}$$

当 $\tan^2 x = 1/2$, 即 $x = n\pi \pm \arctan(\sqrt{2}/2)$ 时, $y_{\max} = 2/(3/4) - 1 = 5/3$.

(4) $y = 1 - (4\cos^2 x + 1/\cos^2)$, 用 A.-G. 不等式. 答案: $y_{\max} = 1 - 4 = -3$.

(5) 因为 $y > 0$, 所以求 $y^2 = \sin^2 x \cos^6 x = 3\sin^2 x(1 - \sin^2 x)(1 - \sin^2 x)(1 - \sin^2 x)/3$ 的极值. 答案: $y_{\max} = y(\pi/6) = 3\sqrt{3}/16$(也可直接应用补充练习题 10.14(1).

(6) 令 $u = \sin x, v = \cos x$, 则 $u^2 + v^2 = 1, y = (au^2 + bv^2)(av^2 + bu^2)$, 其中 $(au^2 + bv^2) + (av^2 + bu^2) = a + b > 0$ 是定值. 答案: $y_{\max} = y(k\pi \pm \pi/4) = (a+b)^4/4$.

4.8 (1) **解法 1** 因为 $f \geqslant 0$, 并且当 $x = 0$ 或 $3\pi/2$ 时, $f = 0$, 所以此时达到 $f_{\min} = 0$. 又因为 $\sin x + 1, \cos x + 1 \geqslant 0$, 所以可以应用 A.-G. 不等式, 推出当 $x = \pi/4$ 时 $f_{\max} = (3 + 2\sqrt{2})/2$.

解法 2 展开得到

$$f(x) = \sin x \cos x + \sin x + \cos x + 1.$$

令 $\sin x + \cos x = t$, 则 $1 + 2\sin x \cos x = t^2, \sin x \cos x = (t^2 - 1)/2$, 于是

$$f(x) = \frac{t^2 + 2t + 1}{2} = \frac{(t+1)^2}{2}.$$

令 $g(t) = (t+1)^2/2$. 因为 $t = \sqrt{2}\sin(x + \pi/4), |t| \leqslant \sqrt{2}$, 所以当 $t = \sqrt{2}$ 即 $x = \pi/4$ 时取得 $f_{\max} = g(\sqrt{2}) = (\sqrt{2} + 1)^2/2 = (3 + 2\sqrt{2})/2$.

又因为 $g(t) \geqslant 0, g(-1) = 0, g(-\sqrt{2}) = (-\sqrt{2} + 1)^2/2 = (3 - 2\sqrt{2})/2 > 0$, 所以当 $t = -1$ 即 $x = 0$ 或 $3\pi/2$ 时, 取得 $f_{\min} = 0$.

(2) 因为 $f(x) = 16 - (\sin x - 2)^2$, 当 $|\sin x - 2|$ 极小时 $f(x)$ 极大, 因此 $f_{\max} = 16 - 1 = 15$(当 $\sin x = 1$, 即 $x = \pi/2$ 时); 类似地, $f_{\min} = 16 - 9 = 7$(当 $\sin x = -1$, 即 $x = 3\pi/2$ 时).

注 在本题 (2) 中, 不可用 A.–G. 不等式求极大值. 因为由

$$(6-\sin x)(2+\sin x) \leqslant \frac{1}{4}\big((6-\sin x)+(2+\sin x)\big)^2,$$

若等式成立, 必须 $6-\sin x = 2+\sin x$, 但此方程无解.

4.9 (1) **解法 1** $y = a + (b-a)\cos^2 x, 0 \leqslant \cos^2 x \leqslant 1$. 若 $b \geqslant a$, 则 $y \leqslant a + (b-a) \cdot 1 = b$, 并且等式当 $\cos^2 x = 1$ 时成立; 若 $b < a$, 则 $y = a - (a-b)\cos^2 x \leqslant a - (a-b) \cdot 0 = a$, 并且等式当 $\cos^2 x = 0$ 时成立. 因此 $y_{\max} = \max\{a, b\}$.

令 $g(x) = -f(x) = (-a)\sin^2 x + (-b)\cos^2 x$, 依刚才所证结果, $g_{\max} = \max\{-a, -b\}$. 因为

$$(-f)_{\max} = -f_{\min}, \quad \max\{-a, -b\} = -\min\{a, b\}$$

(这可直接验证), 所以 $-f_{\min} = -\min\{a, b\}$, 因此 $f_{\min} = \min\{a, b\}$.

解法 2 $y = a\sin^2 x + b(1-\sin^2 x) = (a-b)\sin^2 x + b$, 可设 $a \neq b$(不然结论显然成立). 于是 $y = (a-b)(\sin^2 x + b/(a-b))$, 可应用补充练习题 10.15 的解法 (细节由读者补出).

(2) **提示** $y = \cos^2 \alpha + \cos^2(2\pi/3 - \alpha) = \cos^2 \alpha + \big(-(1/2)\cos\alpha + (\sqrt{3}/2)\sin\alpha\big)^2 = \cdots$. 然后应用例 4.3. 答案: $y_{\min} = 1/2, y_{\max} = 3/2$.

4.10 不妨认为 A 是最大角, 那么

$$\sin 3B + \sin 3C = 2\sin\frac{3}{2}(B+C)\cos\frac{3}{2}(B-C) \leqslant 2\sin\frac{3}{2}(B+C),$$

等式仅当

$$\cos\frac{3}{2}(B-C) = 1$$

时成立. 记 $x = 3(B+C)/2$, 那么 $3A = 3(\pi - B - C) = 3\pi - 2x$, 于是

$$\sin 3A + \sin 3B + \sin 3C \leqslant \sin(3\pi - 2x) + 2\sin x$$

$$= \sin 2x + 2\sin x = 2\sin x(1 + \cos x)$$

$$= 2\sqrt{(1 - \cos^2 x)(1 + \cos x)^2}$$

$$= \frac{2}{\sqrt{3}}\sqrt{(3 - 3\cos x)(1 + \cos x)^3}.$$

由 A.–G. 不等式可知

$$\sqrt{(3 - 3\cos x)(1 + \cos x)^3} \leqslant 9/4,$$

等式当 $\cos x = 1/2$ 时成立. 合起来可知 $\sin 3A + \sin 3B + \sin 3C$ 有极大值 $3\sqrt{3}/2$, 并且当 $B = C = 20°, A = 140°$ 时达到.

5.1 提示 (1) 作 P 以 AB 为轴的对称点 P_1, 以 AC 为轴的对称点 P_2, 连接 P_1P_2, 分别交 AB, AC 于 Q, R.

(2) 作 P 以 AB 为轴的对称点 P_1, Q 以 AC 为轴的对称点 Q_1, 连接 P_1Q_1, 分别交 AB, AC 于 M, N.

5.2 提示 直线 l 应当平行于 OO'. 此时截得的线段之长等于 OO' 的 2 倍.

5.3 提示 线段 $P'Q$ 的垂直平分线与直线 b 的交点就是所求的点 B_0. 此时 PA_0 和 QB_0 长度之差为零.

5.4 提示 作经过 A, B 并且与边 ON 相切的圆, 切点 P 即为所求. 注意 $OP^2 = OA \times OB$, 依此可作出点 P.

5.5 提示 (1) 过点 M, N 作圆与弓形弧内切, 切点即所求的点 P.

(2) 设弓形弧所含圆周角等于 α, Q 是弓形弧上任意一点. 将 AQ 延长到 R, 使得 $QR = QB$, 那么 $\angle ARB = \alpha/2$ 是定值, 因此 R 在一条以 AB 为弦并且所含圆周角等于 $\alpha/2$ 的弧 $\mathscr{S}$ 上. 若 Q 位于弓形弧的中点 Q_0 的位置 (相应地确定点 R_0), 则由 $Q_0A = Q_0B = Q_0R_0$ 可知 Q_0 是弧 $\mathscr{S}$ 所在的圆的中心 (因为不共线的三点唯一确定一个圆). 因此 $AQ_0 + BQ_0 = AR_0$ 是弧 $\mathscr{S}$ 所在的圆的直径, 从而最长, 于是 Q_0 为所求之点.

5.6 提示 应用三角形的相似关系, 可知 R 是 AC 的中点.

5.7 提示 作圆 (其圆心为点 U) 与 $\angle MON$ 的两边相切, 并且经过点 P. 那么圆 U 在 P 点处的切线就是所求的直线 l.

圆 U 可以用下法作出: 应用角平分线的性质作出 (任意) 一个与 $\angle MON$ 的两边相切的圆 (其圆心为点 U'). 可设 P 在圆 U' 外, 并且点 O, P 分列于圆 U' 的两侧. 连接 PO 交圆 U' 于 P'(在两个交点中选取与 O 较近的一个). 然后以 O 为位似中心, OP/OP' 为位似比, 将圆 U' 放大, 即得所要的圆 U.

题中结论的证明 (读者按下列提示逐步画出草图): 设圆 U 与边 OM 切于 C, 与 ON 切于 D. 还设 l 与 OM 交于 A, 与 ON 交于 B. 过 P 任作另一直线 l' 交 OM 于 A_1, 交 ON 于 B_1. 因为直线 l, l' 的交点 P 在 $\angle MON$ 内, 所以 A_1, B_1 不可能同时分别在线段 OA 和 OB 上. 不妨认为 A_1 在线段 OA 的延长线上, B_1 在线段 OB 上. 作直线 l'' 平行于 l', 并且与圆 U 切于 P'(为此只需作圆 U 的垂直于 l' 的半径, 半径的一个端点就是切点 P'). 设 l'' 分别交 OM 和 ON 于 A_2 和 B_2. 注意切点 P' 和 P 同处于 $\overset{\frown}{CD}$ 上. 用 $L(\cdots)$ 表示周长, 那么应用圆的切线

性质可证明: $L(\triangle OAB) = L(\triangle OA_2B_2)(= 2 \cdot OC)$. 因为 A_2B_2 平行于 A_1B_1, 并且 P' 在 $\triangle OA_1B_1$ 内部, 所以 $L(\triangle OA_2B_2) < L(\triangle OA_1B_1)$, 从而 $L(\triangle OAB) < L(\triangle OA_1B_1)$.

5.8 提示 记 $\angle A = \alpha$, 则 $\triangle AMN$ 的面积

$$S = \frac{AM \cdot AN \cdot \sin 2\alpha}{2} = \frac{AP^2 \cdot \sin 2\alpha}{2}.$$

当 AP 是边 BC 上的高时, AP 最短, S 最小; 当 AP 与边 AB 重合 (即 P 取 B 的位置) 时, S 最大.

5.9 提示 (1) 设圆半径为 r, 那么切线长等于 $\sqrt{OP^2 - r^2}$. 当 $OP \perp l$ 时 OP 最短.

(2) 当 $\angle P$ 是直角时, CD 是圆 O 的直径. P(若存在) 是以 AB 为直径的圆与圆 O 的公共点.

5.10 提示 过 O, O_1 作直线交圆 O_1 于 A, A_1, 设它们的排列次序是 A, O_1, O, A_1. 那么圆 O_1 上各点与点 O 的距离, 以 AO 最大, A_1O 最小.

5.11 (1) 因为 $OD \perp PB$, 所以当 P 在圆周上运动时, 点 D 也在以 BO 为直径的圆周上移动. 设 O_1 是 OB 的中点 (即以 BO 为直径的圆的中心), 过 A 和 O_1 作直线与圆 O_1 交于 D_1, D_2(点 D_2 在 A 和 O_1 之间), 过 B, D_1 作直线交圆 O 于 P_1, 那么 $\triangle P_1AB$ 给出最长中线 AD_1; 类似地由 B, D_2 确定 $\triangle P_2AB$ 以及最短中线 AD_2. 请读者补出几何证明 (在圆 O_1 上任意取第三点 D, 证明 $AD_2 < AD < AD_1$).

(2) AD 延长后经过 $\triangle ABC$ 的外接圆 O 的弧 AB 的中点 M. 当 D_0 使得 $AD_0 \perp BC$ 时, AD_0 落在圆 O 的一条直径上, 对于其他位

置, AD 落在圆 O 的弦 (非直径) 上. 还要注意 $MD_0 < MD$.

非几何解法: 直接应用角平分线长公式和三角形面积公式得到:

$$AD = \frac{2bc}{b+c}\cos\frac{A}{2} = \sqrt{\Delta} \cdot \frac{2\sqrt{bc}}{b+c} \cdot \frac{\sqrt{2}\cos\dfrac{A}{2}}{\sqrt{\sin A}},$$

其中 b,c 是 $\triangle ABC$ 的边 AC, AB 的长, Δ 是三角形面积.

5.12 **提示** 逆向思维 (或反向作图). 作弦为 $M'N'(=a)$ 的弓形, 使得其所含圆周角等于 $\angle A$. 取其弧的中点 O', 那么应取 OM 与 $O'M'$ 等长, ON 与 $O'N'$ 等长 (参见例 5.3).

5.13 **解法 1** 将平面 α 绕 l 旋转使得它与平面 β 重合, 点 A 落在平面 β 的点 A' 的位置, 并且 (在平面 β 上) 点 A', B 位于 l 同侧. 从而化归例 5.1.

为了求出平面 β 上的点 A', 可在平面 α 内由 A 作 l 的垂线段 AO(点 O 是垂足), 然后在平面 β 内过 O 作 l 的长度等于 OA 的垂线段 OA', 并且使端点 A' 与 B 同在 l 一侧.

为求点 J, 可在平面 β 内应用轴对称方法 (如例 5.1).

解法 2 将平面 α 绕 l 旋转使得它与平面 β 重合, 点 A 落在平面 β 的点 A' 的位置, 并且 (在平面 β 上) 点 A', B 位于 l 两侧 (A' 的作法与解法 1 类似, 但要使垂线段 OA' 的端点 A' 与 B 分列于 l 两侧).(在平面 β 内) 连接 $A'B$, 它与 l 的交点即所求的点 J.

显然, 这两种方法实质上一样.

5.14 作点 A 关于平面 α 的对称点 A', 连接 $A'B$, 它与 α 的交点就是所求的点 J.

6.1 (1) 与 Y 轴平行, 经过点 $(2,0)$ 及 $(3,0)$ 的两条直线之间的

区域 (包含这两条直线) (读者自画草图, 下同).

(2) 与 X 轴平行, 经过点 $(0,-1)$ 及 $(0,1)$ 的两条直线之间的区域 (包含这两条直线).

(3) 直线 $x+y=1$ 与 $x+y=2$ 之间的区域 (包含这两条直线).

(4) **提示** 等价于 $x+y \leqslant 1$.

(5) **提示** 等价于 $x+y \geqslant 2$.

(6) 空集.

6.2 设购买零件甲 x 件, 零件乙 y 件. 问题归结为在约束条件

$$\begin{cases} 50x+20y \leqslant 2000, \\ y \geqslant x, \\ y \leqslant 1.5x, \\ x,y \in \mathbb{N}_0 \end{cases}$$

之下, 求

$$f(x,y) = x+y$$

的极大值. 满足约束条件的点 (x,y) 形成一个三角形 (带边界). 当直线 $x+y=l$ 经过三角形顶点 $A(25,75/2)$ 时, $l=125/2$ 达到极大. 但因为 $(x,y) \in \mathbb{N}_0^2$, 所以取最接近 M 并且位于三角形内的整点 $M'(25,37)$, 给出 $f_{\max} = 62$.

6.3 三角形的顶点分别是 $(5,5),(4,1),(1,3)$. 算出 f 在其上的值, 并且加以比较, 可知 $f_{\max} = f(5,5) = 20, f_{\min} = f(1,3) = 6$.

6.4 先考虑函数 $g(x,y) = 2x+y$ 的条件极值 (约束条件不变), 可知 $g_{\max} = g(5,1) = 11$, 因此 $f_{\min} = 222-11 = 211$.

6.5 函数取值范围是无界区域, 部分边界是直线. 答案: $f_{\min} =$

$f(2,3) = 13.$

6.6 (参见例 6.3) 设三种毛坯分别截得 x, y, z 根. 问题归结为在限制条件

$$\begin{cases} x \geqslant 0, \\ y \geqslant 0, \\ z \geqslant 0, \\ x, y, z \in \mathbb{Z}, \\ 698x + 720y + 510z \leqslant 4000 \end{cases}$$

之下, 求

$$f(x, y, z) = 698x + 720y + 510z$$

的极大值. 考虑方程

$$\frac{x}{\dfrac{4000}{698}} + \frac{y}{\dfrac{4000}{720}} = 1 - \frac{z}{\dfrac{4000}{510}}.$$

因为 $7 < 4000/510 < 8$, 所以当非负整数 $z \geqslant 8$ 时, $1 - (510/4000)z < 0$. 我们在上式分别令 $z = 0, 1, \cdots, 7$, 作出它们的图像 (参考例 6.3 选取每个轴的单位长), 可得到一组 (含 8 条直线) 平行线, 它们中相邻两条的 X 截距都相差

$$\frac{510}{4000} \cdot \frac{4000}{698} \approx 0.7;$$

并且被 X 和 Y 轴截出 8 条线段, 其中 $z = 0$ 所对应的直线与 X 和 Y 轴分别交于点 A 和 B. 找出这些线段上的整点 (若其上没有整点, 则找出所有最靠近这些线段的整点), 分别算出对应的材料利用率 (注意计算时 z 值由该整点所在直线确定). 我们得到: 点 $(1,1,5)$ 为 99.2%, 点 $(1,3,2)$ 为 96.95%, 点 $(2,2,2)$ 为 96.4%, 点 $(3,1,2)$ 为 95.85%. 比较即得最高利用率的截法.

6.7 自变量取值区域是上半单位圆. 显然 $f_{\min} = f(-1,0) = -2$. 由例 6.4 的方法得 $f_{\max} = f(2/\sqrt{13}, 3/\sqrt{13}) = \sqrt{13}$.

7.1 **提示** (1) 用例 7.1 的方法. 答案: $y_{\max} = y\big((1-\sqrt{5})/2\big) = \sqrt{5}-2, y_{\min} = y\big((\sqrt{5}-3)/2\big) = -\sqrt{5}-2$.

(2) 答案: $y_{\max} = y(-1) = 7/3, y_{\min} = y(1) = -3$.

(3) 相应的二次方程的判别式 $\Delta = -8y+9$. 答案: $y_{\max} = 9/8$, 无极小值.

7.2 **提示** (1) 参见例 7.3. 相应的二次方程的判别式 $\Delta = 2(2y^2+y-1)$, 函数值域是 $\{y \leqslant -1\} \cup \{y \geqslant 1/2\}$. 答案: y 无 (整体) 极值.

(2) 参见例 7.3. 相应的二次方程的判别式 $\Delta = y^2 - 4y$. 答案: y 无极值 (也可应用函数的单调性).

(3) x 是实数等价于相应的二次方程的判别式 $\Delta = (4y-1)^2 \geqslant 0$, 这显然等价于 y 取任意实数, 从而 y 无极值.

或者: 当 $x \neq 1, 5$ 时

$$y = \frac{(x-1)(x-2)}{(x-1)(x-5)} = \frac{x-2}{x-5} = 1 + \frac{3}{x-5},$$

然后应用函数的单调性.

7.3 **提示** (1) 相应的二次方程的判别式 $\Delta = 4a^2(y+2)(y-2)$. 由 $\Delta \geqslant 0$ 得到 $y \geqslant 2$ 或 $y \leqslant -2$. 但因为 $|x| < |a|$, 所以 $y = 2(a^2+x^2)/(a^2-x^2) > 0$, 因而不可能 $y \leqslant -2$. 于是 $y_{\min} = y(0) = 2$.

或者: 因为 $|x| < |a|$, 所以可应用 A.–G. 不等式.

(2) 相应的二次方程的判别式 $\Delta = y^2 - 4ay$, 并且注意 $y > 0$. 答

案: $y_{\min} = 4a$, 无极大值.

或者: 因为 $\dfrac{a}{y} = \dfrac{a}{x}\left(1 - \dfrac{a}{x}\right)$, 可应用 A.–G. 不等式.

7.4 函数定义域是 $x \leqslant 13/4$, 并且 $y \geqslant 2x - 3$. 将

$$y - 2x + 3 = \sqrt{13 - 4x}$$

两边平方得到

$$4x^2 - 4(y+2)x + (y^2 + 6y - 4) = 0.$$

由 $\Delta = -2y + 8 \geqslant 0$ 得到 $y \leqslant 4$. 因为当 $x \leqslant 13/4$ 时 $2x - 3 \leqslant 2 \cdot (13/4) - 3 = 7/2$, 所以 $y \geqslant 2x - 3$ 成立. 由 $4 = 2x - 3 + \sqrt{13 - 4x}$ 解得 $x = 3$(满足 $x \leqslant 13/4, y \geqslant 2x - 3$), 于是 $y_{\max} = y(3) = 4$. 无极小值.

7.5 提示 函数定义域是

$$\frac{5 - 3\sqrt{2}}{2} \leqslant x \leqslant \frac{5 + 3\sqrt{2}}{2},$$

并且 $y(x) \geqslant 2x + 5$.

由 $\Delta = -16(y^2 - 20y + 64) \geqslant 0$ 得到 $y \in [4, 16]$. 因为 $2x + 5$ 单调增加, 当 $x \in [(5 - 3\sqrt{2})/2, (5 + 3\sqrt{2})/2]$ 时, $2x + 5 \in [10 - 3\sqrt{2}, 10 + 3\sqrt{2}] \subset [4, 16]$. 由此及 $y \geqslant 2x + 5$ 可知 $10 - 3\sqrt{2} \leqslant y \leqslant 16$. 于是立得 $y_{\min} = y(10 - 3\sqrt{2}) = 10 - 3\sqrt{2}$. 又当区间端点 $y = 16$, 由 $16 = 2x + \sqrt{-4x^2 + 20x - 7} + 5$ 解出 $x = 4$(它属于函数定义域, 满足 $y(x) = 16 \geqslant 2x + 5 = 10 + 3\sqrt{2}$), 因此 $y_{\max} = y(4) = 16$.

7.6 解法 1 由

$$y = \sqrt{(x + 1/2)^2 + 3/4} + \sqrt{(x - 1/2)^2 + 3/4}$$

可知函数定义域是全体实数, 并且 $y \geqslant 1+1 = 2$, 当 $x=0$ 时等式成立, 所以 $y_{\min} = y(0) = 2$.

解法 2 因为当 x 取任何实数值都有 $x^2 \pm x + 1 = (x \pm 1/2)^2 + 3/4 > 0$, 所以函数定义域是全体实数. 当 $x \in \mathbb{R}$ 时, 有

$$y^2 = 2x^2 + 2 + 2\sqrt{(x^2+x+1)(x^2-x+1)}$$
$$= 2x^2 + 2 + 2\sqrt{x^4 + x^2 + 1} \geqslant 2 + 2 \cdot 1 = 4,$$

并且当 $x=0$ 时等式成立, 因此 y^2 有极小值 4. 又因为 $x^2 + x + 1$ 与 $x^2 - x + 1$ 不可能同时为零, 所以由 y 的表达式可知 $y > 0$. 于是 $y_{\min} = y(0) = 2$.

8.1 解法 1 参见例 8.1. 由柯西不等式和约束条件得到

$$(a\sqrt{x} + b\sqrt{y})^2 \leqslant (a^2 + b^2)(x+y) = a^2 + b^2,$$

因此 $|a\sqrt{x} + b\sqrt{y}| \leqslant \sqrt{a^2 + b^2}$, 等式仅当 $\sqrt{x}/a = \sqrt{y}/b$ 时成立. 由此及 $x+y = 1$ 解出使等式成立的自变量的值 $(x, y) = \big(a^2/(a^2+b^2), b^2/(a^2 + b^2)\big)$ 和 $\big(-a^2/(a^2+b^2), -b^2/(a^2+b^2)\big)$. 于是

$$f_{\max} = f\big(a^2/(a^2+b^2), b^2/(a^2+b^2)\big) = \sqrt{a^2 + b^2},$$
$$f_{\min} = f\big(-a^2/(a^2+b^2), -b^2/(a^2+b^2)\big) = -\sqrt{a^2 + b^2}.$$

解法 2 **提示** 因为 $0 \leqslant x \leqslant 1, 0 \leqslant y \leqslant 1$, 所以可令 $x = \sin^2\theta, y = \cos^2\theta (0 \leqslant \theta \leqslant \pi/2)$. 于是 $f(x) = a\sin\theta + b\cos\theta$. 然后应用例 4.1 求 f 的极值.

8.2 由柯西不等式得到

$$(a^2x^2 + b^2y^2 + c^2z^2)\left(\frac{A^2}{a^2} + \frac{B^2}{b^2} + \frac{C^2}{c^2}\right) \geqslant (Ax + By + Cz)^2.$$

由约束条件得到

$$a^2x^2 + b^2y^2 + c^2z^2 \geqslant D^2\left(\frac{A^2}{a^2} + \frac{B^2}{b^2} + \frac{C^2}{c^2}\right)^{-1}.$$

等式成立的条件是 ax, by, cz 与 $A/a, B/b, C/c$ 成比例, 由此及 $Ax + By + Cz = D$ 解出使等式成立的自变量的值:

$$(x_0, y_0, z_0) = \left(\frac{b^2c^2AD}{r}, \frac{a^2c^2BD}{r}, \frac{a^2b^2CD}{r}\right),$$

其中 $r = A^2b^2c^2 + B^2a^2c^2 + C^2a^2b^2$. 因此

$$f_{\min} = D^2\left(\frac{A^2}{a^2} + \frac{B^2}{b^2} + \frac{C^2}{c^2}\right)^{-1}.$$

注 在练习题 8.2 中取 $a = b = c = 1$, 可推出空间中坐标原点 $(0,0,0)$ 到平面 $Ax + By + Cz + D = 0$ 的距离公式 $d = \dfrac{|D|}{\sqrt{A^2 + B^2 + C^2}}$.

8.3 **提示** 参见例 8.2. 由柯西不等式得到

$$\big(A(x - \alpha) + B(y - \beta) + C(z - \gamma)^2\big)^2$$
$$\leqslant \big((x - \alpha)^2 + (y - \beta)^2 + (z - \gamma)^2\big)\big(A^2 + B^2 + C^2\big).$$

因为 $A(x - \alpha) + B(y - \beta) + C(z - \gamma) = Ax + By + Cz - A\alpha - B\beta - C\gamma = -D - A\alpha - B\beta - C\gamma$, 所以

$$(A\alpha + B\beta + C\gamma + D)^2$$
$$\leqslant \big((x - \alpha)^2 + (y - \beta)^2 + (z - \gamma)^2\big)\big(A^2 + B^2 + C^2\big),$$

从而

$$f(x,y) \geqslant \frac{|A\alpha + B\beta + C\gamma + D|}{\sqrt{A^2 + B^2 + C^2}},$$

因此

$$f_{\min} = \frac{|A\alpha + B\beta + C\gamma + D|}{\sqrt{A^2 + B^2 + C^2}}$$

(读者自行计算极值点).

注 由练习题 8.3 可推出空间中点 $P(\alpha, \beta, \gamma)$ 到平面 $Ax + By + Cz + D = 0$ 的距离公式:

$$d = \frac{|A\alpha + B\beta + C\gamma + D|}{\sqrt{A^2 + B^2 + C^2}}.$$

8.4 函数的定义域是闭区间 $[1, 2]$. 由柯西不等式可知

$$(3\sqrt{x-1} + 4\sqrt{2-x})^2 \leqslant (3^2 + 4^2)\big((\sqrt{x-1})^2 + (\sqrt{2-x})^2\big) = 25,$$

因此 $f(x) \leqslant 5$, 并且当 $\sqrt{x-1}/3 = \sqrt{2-x}/4$ 时等式成立. 由此解出 $x = 34/25$, 于是 (注意 $f \geqslant 0$) $f_{\max} = f(34/25) = 5$.

8.5 在柯西不等式中取两组实数为

$$\sqrt{a_1}, \sqrt{a_2}, \cdots, \sqrt{a_n}; \quad 1/\sqrt{a_1}, 1/\sqrt{a_2}, \cdots, 1/\sqrt{a_n},$$

即得 A.–H. 不等式, 其中等式成立的充分必要条件是 $\sqrt{a_1}/(1/\sqrt{a_1}) = \sqrt{a_2}/(1/\sqrt{a_2}) = \cdots = \sqrt{a_n}/(1/\sqrt{a_n})$, 即 $a_1 = a_2 = \cdots = a_n$.

8.6 参见例 8.6.

解法 1 因为 $y = x^3 - 12x^2 + 36x + 1 = x(x-6)^2 + 1$, 所以只需考虑函数 $\widetilde{y} = x(x-6)^2$. 令 $z = 6 - x$, 则问题等价于求

$$f(z) = (6-z)z^2 = 6z^2 - z^3 \quad (0 < z < 6)$$

的极值. 再令 $u = z^2$, 可知问题又等价于求

$$g(u) = 6u - u^{3/2} = -(u^{3/2} - 6u) \quad (0 < u < 36)$$

的极值. 依定理 8.3 可知, 若 $u > 0$, 则函数 $g(u)$ 当

$$u = u_0 = \left(-\frac{-6}{3/2}\right)^{1/(3/2-1)} = 16$$

时有极大值

$$g_0 = g(16) = -\left(1 - \frac{3}{2}\right) u_0^{3/2} = 32$$

(或者: $g_0 = 6u_0 - u_0^{3/2} = 32$). 因为函数 g 的自变量取值范围是 $(0, 36)$(而不是 $u > 0$), 所以 $g_{\max} \leqslant 32$. 但因为 "极值点" $u_0 = 16 \in (0, 36)$, 即 u_0 属于 g 的自变量取值范围, 所以 $g_{\max} = g(16) = 32$. 最后注意 $u = z^2$ 和 $z = 6 - x$, 可知 $y_{\max} = y(2) = \widetilde{y}_{\max} + 1 = \widetilde{y}(2) + 1 = 33$.

解法 2 提示 注意 $2x(x-6)^2 = 2x \cdot (6-x) \cdot (6-x), 2x, 6-x > 0$, 并且 $2x + (6-x) + (6-x) = 12$ 是常数. 于是可用 A.–G. 不等式.

8.7 因为 y 是偶函数, $y(0) = 0$, 所以可设 $x > 0$. 令 $z = x^6$, 则只需考虑函数

$$g(z) = -\frac{3}{5}\left(z^{5/3} - \frac{5}{3}z\right) \quad (z > 0).$$

应用定理 8.3 求出 $g_{\max} = g(1) = 4/5$.

取 $x = M > 0$, 则 $y = M^6 - 0.6M^{10} = M^6(1 - 0.6M^4)$. 取 $M > \sqrt[4]{10/3}$, 则 $y < -M^6$, 因为 $M > 0$ 可任意大, 所以 y 没有极小值.

8.8 令 $z = x^3$, 问题化为求函数 $f(z) = -(z^{1/3} - z)(z \geqslant 0)$ 的极值. 由定理 8.4 可知 $f_{\max} = f(1/\sqrt{27}) = 2\sqrt{3}/9$. 于是 $y_{\min} = y(\sqrt{3}/3) =$

$-2\sqrt{3}/9$. 又当 $x = M > 2$ 时, $y = M^3 - M = M^2(M-1) > M^2$ 可以任意大, 所以 y 无极大值.

8.9 设横截面宽 x(m), 高 y(m), 则强度 $P = kxy^2$, 其中 $k > 0$ 是系数 (常数). 由勾股定理, $x^2 + y^2 = 1^2$, 所以 $P = -k(x^3 - x)$, 其中 $0 < x < 1$. 由定理 8.3(应用于函数 $f = x^3 - x\,(x > 0)$), 当 $x = \sqrt{3}/3$(m) 时 (此值属于函数 P 的定义域), P 取得极大值. 此时 $y = \sqrt{1 - x^2} = \sqrt{6}/3$(m).

9.1 (1) 应用例 9.1 中的方法.

(i) 若 $b = 0$, 则 $ax^2 + dx$ 当 $x = -d/(2a)$ 时取极小值 $-d^2/(4a)$, $cy^2 + ey$ 当 $y = -e/(2c)$ 时取极小值 $-e^2/(4c)$. 因此

$$F_{\min} = F\left(-\frac{d}{2a}, -\frac{e}{2c}\right) = -\frac{d^2}{4a} - \frac{e^2}{4c} + f.$$

(ii) 若 $b \neq 0$, 则进行配方, 得

$$
\begin{aligned}
F(x, y) &= a\left(x + \frac{b}{a}y\right)^2 - \frac{b^2}{a}y^2 + cy^2 + dx + ey + f \\
&= a\left(x + \frac{b}{a}y\right)^2 + \left(c - \frac{b^2}{a}\right)y^2 + d\left(x + \frac{b}{a}y\right) - \frac{bd}{a}y + ey + f \\
&= a\left(x + \frac{b}{a}y\right)^2 + \left(c - \frac{b^2}{a}\right)y^2 + d\left(x + \frac{b}{a}y\right) + \left(e - \frac{bd}{a}\right)y + f.
\end{aligned}
$$

令

$$x = X - \frac{b}{a}y,$$

则 $X = x + by/a$, 于是

$$H(X, y) = F\left(X - \frac{b}{a}y, y\right)$$

$$= aX^2 + \left(c - \frac{b^2}{a}\right)y^2 + dX + \left(e - \frac{bd}{a}\right)y + f,$$

$H(X,y)$ 的表达式不含 Xy 项 (即 Xy 项的系数等于零). 因为 X^2 和 y^2 的系数都大于零, 并且它们的积

$$a\left(c - \frac{b^2}{a}\right) = ac - b^2 > 0,$$

所以归结为步骤 (i) 中的情形. 于是

$$H_{\min} = H\left(-\frac{d}{2a}, -\frac{ae - bd}{2(ac - b^2)}\right) = -\frac{d^2}{4a} - \frac{(ae - bd)^2}{4a(ac - b^2)} + f.$$

因为当

$$X_0 = -\frac{d}{2a}, \quad y_0 = -\frac{ae - bd}{2(ac - b^2)}$$

时, 对应的

$$x_0 = X_0 - \frac{b}{a}y_0 = -\frac{d}{2a} - \frac{b}{a}\left(-\frac{ae - bd}{2(ac - b^2)}\right) = -\frac{cd - be}{2(ac - b^2)},$$

因此

$$F_{\min} = F\left(-\frac{cd - be}{2(ac - b^2)}, -\frac{ae - bd}{2(ac - b^2)}\right) = -\frac{d^2}{4a} - \frac{(ae - bd)^2}{4a(ac - b^2)} + f$$

(注意: 这个公式对 $b = 0$ 的情形也适用).

(2)　可用例 9.1 中的方法, 也可用下面的变体: 配方得

$$z = (x + y + 1)^2 + 2\left(y - \frac{5}{2}\right)^2 - \frac{33}{8}.$$

因此 $z \geqslant -33/8$, 并且等式当 $x + y + 1 = 0, y - 5/4 = 0$ 时成立. 由此解出 $x = -9/4, y = 5/4$. 于是 $z_{\min} = z(-9/4, 5/4) = -33/8$.

9.2 因为

$$f = (1-x)^4(1-x)(1+x)(1+2x)^2 = (1-x)^4(1-x^2)(1+2x)^2,$$

所以当 $|x| \geqslant 1$ 时 $f \leqslant 0$, 当 $|x| < 1$ 时 $f > 0$. 当 $|x| < 1$ 时可应用 A.–G. 不等式, 有

$$f \leqslant \left(\frac{5(1-x)+(1+x)+2(1+2x)}{5+1+2}\right)^{5+1+2} = 1 > 0,$$

等式仅当 $x = 0$ 时成立. 因此 $f_{\max} = f(0) = 1$.

9.3 (1) 参见例 9.5. 因为 $(3x^2)(3x)(80/x^3) = 720$ 是定值, 需确定正数 x_0 满足方程组 $3x^2 = 3x = 80/x^3$, 但此方程组在实数范围内无解.

(2) **提示** 下面是 "凑巧" 的方法. 令

$$g(x) = 2x^2 + 4x + \frac{64}{x^3}, \quad h(x) = \frac{x^2}{2} + x + \frac{16}{x^3}, \quad q(x) = \frac{x^2}{2} - 2x.$$

那么 $f(x) = g(x) + h(x) + q(x)\,(x > 0)$. 用例 3.1 的方法求出 $g_{\min} = g(2) = 24, h_{\min} = h(2) = 6$. 由二次三项式的极值定理 (定理 2.1) 得到 $q_{\min} = q(2) = -2$. 因此 $f_{\min} = f(2) = g(2) + h(2) + q(2) = 24 + 6 - 2 = 28$(可用非初等方法验证其正确性).

9.4 **提示** 参见例 9.6. 答案: (1) $f_{\min} = -9$, 无极大值.

(2) $f_{\max} = 7$, 无极小值.

9.5 **提示** (1) 设 $OF = a$, 要作的弦 CD 与直径 AB 的夹角为 $\varphi\,(0 \leqslant \varphi \leqslant \pi/2)$, 那么圆心 O 与 CD 的距离等于 $a\sin\varphi$, 由勾股定理得到 $CD = 2\sqrt{1 - a^2\sin^2\varphi}$. 因为圆内接四边形的面积等于两对角线

长与其夹角的正弦之积的一半, 所以四边形 $ACBD$ 的面积

$$S = \sin\varphi\sqrt{1 - a^2\sin^2\varphi} \quad (0 \leqslant \varphi \leqslant \pi/2).$$

注意 $\sin\varphi \geqslant 0, a > 0$, 令 $\sqrt{z} = a\sin\varphi$, 则 $S = \dfrac{1}{a}\sqrt{z(1-z)}$. 于是问题归结为求

$$f(z) = z(1-z) \quad (0 \leqslant z \leqslant 1)$$

的极大值. 为此可应用 A.–G. 不等式, 也可应用二次三项式的极值定理. 答案: $\sin\varphi = 1/(\sqrt{2}a), S_{\max} = 1/(2a)$.

(2) **解法 1** 分别记 P 与 l_1 和 l_2 的距离为 d_1, d_2. 设 $\alpha(\leqslant 90°)$ 是 PA_1 与 l_1 的夹角. 那么 $\triangle A_1PA_2$ 的面积

$$S = \frac{1}{2} \cdot \frac{d_1}{\sin\alpha} \cdot \frac{d_2}{\cos\alpha} = \frac{d_1 d_2}{\sin 2\alpha}.$$

因此当 $\alpha = 45°$ 时 S 最小.

解法 2 作 $PM \perp l_1, PN \perp l_2, M, N$ 是垂足. 设 $PM = d_1, PN = d_2$, 记 $A_2N = x$. 那么 $PA_2 = \sqrt{x^2 + d_2^2}$. 由 $\triangle PMA_1 \sim \triangle A_2NP$ 可得 $PA_1 = d_1\sqrt{x^2 + d_2^2}/x$. 于是 $\triangle A_1PA_2$ 的面积

$$S = \frac{1}{2}PA_1 \cdot PA_2 = \frac{d_1}{2}\left(\frac{d_2^2}{x} + x\right).$$

9.6 提示 (1) 依次以直线 AD 为轴作 P 的对称点 P_1, 以直线 DC 为轴作 P_1 的对称点 P_2, 以直线 CB 为轴作 P_2 的对称点 P_3, 以直线 BA 为轴作 P_3 的对称点 P_4. 连接 PP_4 与 AB 交于点 K, 连接 KP_3 与 BC 交于点 L, 连接 LP_2 与 CD 交于点 M, 连接 MP_1 与 DA 交于点 N.

(2) 因为 $\angle PNA = \angle MLC$, 所以 PN 与 LM 平行. 类似地, PK 与 ML 平行. 所以 N, P, K 共线.

注 请读者证明线段 PP_4 给出平行四边形 $KLMN$ 的周长. 试用矩形 $ABCD$ 的边长 (及点 P 与 AB, AD 的距离) 表示这个周长.

9.7 由函数表达式得到

$$(y+1)(\sin x)^2 - (y-2)(\sin x) + 1 = 0.$$

因为 $\sin x\,(0 < x < \pi/2)$ 取实数值, 所以二次方程的判别式 $\Delta = (y-2)^2 - 4(y+1) \geqslant 0$, 即 $y(y-8) \geqslant 0$. 因此 $y \geqslant 8$, 或 $y \leqslant 0$. 因为 $0 < x < \pi/2$ 时 $0 < \sin x < 1$, 所以由 y 的表达式可知 $y > 0$, 因此 $y \geqslant 8$. 当 $y = 8$ 时解得 $\sin x = 1/3$(注意 $0 < x < \pi/2$), 因此 $y_{\min} = y\big(\arcsin(1/3)\big) = 8$.

9.8 **提示** **解法 1** 自变量取值区域是圆心在 $(1,1)$、半径为 1 的圆在第一象限中的部分 (含边界, 是一个凸集). 平行线族 $x + y = l$ 中, 经过点 $(1,1)$ 的直线给出极大值, 与圆相切的直线给出极小值. 求切点可用通常方法. 也可由对称性推出是圆弧边界的中点, 所以切点的 X 坐标和 Y 坐标都等于 $(\sqrt{2}-1) \cdot (\sqrt{2}/2) = (2-\sqrt{2})/2$. 答案: $f_{\max} = f(1,1) = 2, f_{\min} = f\big((2-\sqrt{2})/2, (2-\sqrt{2})/2\big) = 2 - \sqrt{2}$.

解法 2 $f(x,y) = (x-1) + (y-1) + 2 \leqslant 2$, 当 $(x,y) = (1,1)$ 时等式成立, 所以 $f_{\max} = 2$. 又由柯西不等式, 有

$$\big((1-x) \cdot 1 + (1-y) \cdot 1\big)^2 \leqslant \big((x-1)^2 + (y-1)^2\big)(1^2 + 1^2) \leqslant 2,$$

当 $(x-1)/1 = (y-1)/1, (x-1)^2 + (y-1)^2 = 1$ 时等式成立. 由此推出 $f_{\min} = f\big((2-\sqrt{2})/2, (2-\sqrt{2})/2\big) = 2 - \sqrt{2}$.

9.9 **提示** (1) 参见例 9.12 和例 8.3. 这里给出另两种解法.

解法 1 此法比较"凑巧". 函数定义域是 $[-1,1]$. 当自变量 x 由 -1 变化到 0 时, y 由 $\sqrt{2}$ 递增到 2; 当自变量 x 由 0 变化到 1 时, y 由 2 递减到 $\sqrt{2}$. 因此 $y_{\max} = y(0) = 2, y_{\min} = y(\pm 1) = \sqrt{2}$.

解法 2 因为函数定义域是 $[-1,1]$, 所以可令 $x = \cos t$, 其中 $0 \leqslant t \leqslant \pi$. 于是

$$y = \sqrt{2}\left(\sqrt{\frac{1-\cos t}{2}} + \sqrt{\frac{1+\cos t}{2}}\right)$$
$$= \sqrt{2}\left(\sin\frac{t}{2} + \cos\frac{t}{2}\right) = 2\sin\left(\frac{\pi}{4} + \frac{t}{2}\right).$$

记 $\theta = \pi/4 + t/2$, 则 $\pi/4 \leqslant \theta \leqslant 3\pi/4$. 依 $f = \sin\theta$ 的图像, 在区间的两个端点得到 $y_{\min} = 2 \cdot (\sqrt{2}/2) = \sqrt{2}$; 在区间的中点得到 $y_{\max} = 2 \cdot 1 = 2$.

(2) **提示** 函数定义域为 $|x| \leqslant \sqrt{3}$. 将函数表达式改写为 $y = 4\sqrt{3}(x/\sqrt{3}) + \sqrt{3}\sqrt{1 - x^2/3}$. 令 $\cos\theta = x/\sqrt{3}$, 则得

$$y = 4\sqrt{3}\cos\theta + \sqrt{3}\sin\theta.$$

因此

$$y_{\max} = \sqrt{(4\sqrt{3})^2 + (\sqrt{3})^2} = \sqrt{51},$$
$$y_{\min} = -\sqrt{(4\sqrt{3})^2 + (\sqrt{3})^2} = -\sqrt{51}.$$

(3) 因为

$$y = 8\left(\frac{5}{4}\sqrt{x^2 + \left(\frac{3}{2}\right)^2} - x\right),$$

所以由例 9.13(2) 得到 $y_{\min} = y(2) = 9$.

9.10 **解法 1** 因为当 $x \in \mathbb{R}$, 有

$$2y - 1 = -\frac{(1-x)^2}{1+x^2} \leqslant 0, \quad 2y + 1 = \frac{(1+x)^2}{1+x^2} \geqslant 0,$$

所以 $-1 \leqslant 2y \leqslant 1$, 并且左半等式仅当 $x = 1$ 时、右半等式仅当 $x = -1$ 时成立, 所以本题得证.

解法 2 由 A.–G. 不等式得到: 当 $x \in \mathbb{R}$, 有

$$x^2 + 1 \geqslant 2\sqrt{x^2 \cdot 1} = 2|x|, \quad \frac{|x|}{x^2 + 1} \leqslant \frac{1}{2},$$

等式仅当 $|x| = 1$ 时成立. 于是

$$-\frac{1}{2} \leqslant \frac{x}{x^2 + 1} \leqslant \frac{1}{2},$$

由此推出所要的结论.

解法 3 令 $x = \tan\theta$, 则 $y = (\sin 2\theta)/2$, 由此立得结果.

9.11 **提示** 设 $x_1 < x_2$, 令 $\Lambda = y(x_2) - y(x_1)$, 则

$$\Lambda = (x_2^3 - x_1^3) + p(x_2 - x_1) = (x_2 - x_1)(x_2^2 + x_2 x_1 + x_1^2 + p).$$

(1) 若 $p > 0$, 则 $x_2^3 - x_1^3 > 0, p(x_2 - x_1) > 0$, 所以 $\Lambda > 0$, 因此 y 单调递增.

(2) 若 $p < 0$, 则当 $x < -\sqrt{-p/3}(< 0)$ 时,

$$x_2^2 + x_2 x_1 + x_1^2 + p$$
$$> \left(-\sqrt{-\frac{p}{3}}\right)^2 + \left(-\sqrt{-\frac{p}{3}}\right)^2 + \left(-\sqrt{-\frac{p}{3}}\right)^2 + p$$
$$= -p + p = 0,$$

因此 $\Lambda > 0$, 所以 y 单调递增. 另二情形可类似地证明 (留待读者).

9.12 提示 (i) $y = -\cos x(1-\cos^2 x) = \cos^3 x - \cos x$. 令 $z = \cos x$, 以及 $f(z) = z^3 - z(|z| \leqslant 1)$. 由练习题 9.11 可知: 当 $-1 \leqslant z \leqslant -\sqrt{3}/3$ 以及 $\sqrt{3}/3 \leqslant z \leqslant 1$ 时 z 单调递增; 当 $z \in [-\sqrt{3}/3, \sqrt{3}/3]$ 时 z 单调递减. 由 $x = \arccos z$ 可定出相应的 x 的区间 (留待读者).

(ii) 求极值. 注意 $|z| \leqslant 1$. 由步骤 (i) 中的结果, 分别算出 $f(1) = 0, f(-1) = 0, f(-\sqrt{3}/3) = 2\sqrt{3}/9, f(\sqrt{3}/3) = -2\sqrt{3}/9$. 可知当 $\cos x = \sqrt{3}/3$ 时, $y_{\min} = -2\sqrt{3}/9$; 当 $\cos x = -\sqrt{3}/3$ 时, $y_{\max} = 2\sqrt{3}/9$.

注 也可应用定理 8.3 求 $y_{\min}$.

9.13 令 $x = z+u$, 代入 y 的表达式, 则 $y = a(z+u)^3 + b(z+u)^2 + c(z+u) + d$, 选取 u 使得 z^2 的系数为零, 于是 $u = -b/(3a)$, 从而只需讨论 $f = a(z^3 + pz + q)$ 的单调性, 其中

$$p = -\frac{\Delta}{3a^2}, \quad q = \frac{d}{a} + \frac{2b^3}{27a^3} - \frac{cb}{3a^2}.$$

于是可应用练习题 9.11 推出结论.

9.14 提示 $y = 4\cos^3 x + 4\cos^2 x - 2$, 令 $t = \cos x$, 只需求函数 $f = t^3 + t^2(|t| \leqslant 1)$ 的极值. 可应用练习题 9.13(并参考练习题 9.12 的解) 求解. 答案: 当 $\cos x = -2/3$ 时, $y_{\max} = -38/27$; 当 $\cos x = 0$ 时, $y_{\min} = -2$.

注意: 极小值的另一求法: 当 $|z| \leqslant 1$ 时, $z^3 + z^2 = z^2(z+1) \geqslant 0$, 并且仅当 $z = 0$ 或 $z = -1$ 时等式成立, 所以 $y_{\min} = 0 - 2 = -2(z = 0$ 或 $z = -1$ 都给出自变量 x 满足 $\cos x = 0$ 的值).

9.15 设 (x, y) 是曲线上的任意一点, 过它所作直线的倾角为 θ,

则 (按题意)$0 < \theta < \pi/2$. 截得的三角形面积

$$S = \frac{1}{2}|x| \cdot |x| \tan\theta + \frac{1}{2}y \cdot y \cot\theta + |x|y.$$

因为 $|x|y = |xy| = |-1| = 1$, 所以

$$S = \frac{1}{2}(|x|^2 \tan\theta + y^2 \cot\theta) + 1.$$

由 A.–G. 不等式得到 $S_{\min} = |x|y + 1 = 1 + 1 = 2$. 此值与点 (x, y) 的坐标无关(当然, 面积极小的三角形的位置与 (x, y) 有关).

10.1 函数定义域是 $0 \leqslant x \leqslant 1$, 于是可令 $x = \sin^2\varphi$, 则问题归结为求函数

$$f(\varphi) = \cos(\sin\varphi) - \sin(\cos\varphi) \quad (0 \leqslant \varphi \leqslant \pi/2)$$

的极值. 因为当 $\varphi \in \mathbb{R}$ 时, $\cos(\sin\varphi) > \sin(\cos\varphi)$(见本题解答后的注), 所以总有 $f(\varphi) > 0$, 因此 0 不可能是函数 y 的极值.

注 我们来证明: 若 $\varphi \in \mathbb{R}$, 则 $\sin(\cos\varphi) < \cos(\sin\varphi)$. 我们给出三种解法.

解法 1 因为

$$\sin(\cos\varphi) = -\cos\left(\frac{\pi}{2} + \cos\varphi\right),$$

所以

$$\cos(\sin\varphi) - \sin(\cos\varphi) = \cos(\sin\varphi) + \cos\left(\frac{\pi}{2} + \cos\varphi\right)$$
$$= 2\cos\frac{\dfrac{\pi}{2} + \cos\varphi + \sin\varphi}{2} \cos\frac{\dfrac{\pi}{2} + \cos\varphi - \sin\varphi}{2}.$$

我们有

$$|\cos\varphi+\sin\varphi| = \sqrt{(\cos\varphi+\sin\varphi)^2}$$
$$= \sqrt{\cos^2\varphi+2\cos\varphi\sin\varphi+\sin^2\varphi}$$
$$= \sqrt{1+\sin 2\varphi} \leqslant \sqrt{2},$$

其中等式仅当 $\sin 2\varphi = 1$ 时成立; 类似地,

$$|\cos\varphi-\sin\varphi| = \sqrt{1-\sin 2\varphi} \leqslant \sqrt{2},$$

其中等式仅当 $\sin 2\varphi = -1$ 时成立. 因为 $\pi/2 \approx 1.57 > \sqrt{2} \approx 1.41$, 所以

$$0 < \frac{\dfrac{\pi}{2}+\cos\varphi+\sin\varphi}{2} < \frac{\pi}{2},$$
$$0 < \frac{\dfrac{\pi}{2}+\cos\varphi-\sin\varphi}{2} < \frac{\pi}{2},$$

从而

$$\cos\frac{\dfrac{\pi}{2}+\cos\varphi+\sin\varphi}{2} > 0, \quad \cos\frac{\dfrac{\pi}{2}+\cos\varphi-\sin\varphi}{2} > 0,$$

于是 $\cos(\sin\varphi) - \sin(\cos\varphi) > 0$.

解法 2 由周期性, 可设 $0 \leqslant \varphi \leqslant 2\pi$.

(i) 应用单位圆, 可知角 x(始边在 X 轴上, 顶点与原点重合) 所对的单位圆弧长是 $|x|$(注意 x 是弧度度量的), 它大于对应的正弦线的长度 $|\sin x|$, 因此 $|\sin x| \leq |x|$(等式仅当 $x = 0$ 时成立).

(ii) 若 $0 \leqslant \varphi < \pi/2$, 则 $0 < \cos\varphi \leqslant 1 \leqslant \pi/2$. 依步骤 (i) 中所证的不等式 (取 $\cos\varphi$ 作为 x) 得到 $\sin(\cos\varphi) < \cos\varphi$. 又因为 $0 \leqslant$

$\sin \varphi \leqslant \varphi \leqslant \pi / 2$, 并且在区间 $[0, \pi/2]$ 上余弦函数 $\cos x$ 单调减少, 所以 $\cos \varphi \leqslant \cos(\sin \varphi)$. 合起来即得 $\sin(\cos \varphi) < \cos(\sin \varphi)$.

(iii) 若 $\pi/2 \leqslant \varphi \leqslant \pi$, 则 $-1 \leqslant \cos \varphi \leqslant 0$, 所以 $\sin(\cos \varphi) \leqslant 0$; 类似地, 因为 $0 \leqslant \sin \varphi \leqslant 1$, 所以 $\cos(\sin \varphi) > 0$. 于是 $\sin(\cos \varphi) < \cos(\sin \varphi)$.

(iv) 若 $\pi \leqslant \varphi \leqslant 3\pi/2$, 则 $-1 \leqslant \cos \varphi \leqslant 0$, 所以 $\sin(\cos \varphi) \leqslant 0$; 类似地, 因为 $-1 \leqslant \sin \varphi \leqslant 0$, 所以 $\cos(\sin \varphi) > 0$. 于是 $\sin(\cos \varphi) < \cos(\sin \varphi)$.

(v) 若 $3\pi/2 \leqslant \varphi \leqslant 2\pi$, 则令 $\varphi = 2\pi - \alpha$, 其中 $0 \leqslant \alpha \leqslant \pi/2$. 因为 $\cos(\sin \varphi) = \cos(\sin(2\pi - \alpha)) = \cos(-\sin \alpha) = \cos(\sin \alpha)$, 以及 $\sin(\cos \varphi) = \sin(\cos(2\pi - \alpha)) = \sin(\cos \alpha)$, 于是由步骤 (ii) 和 (iii) 所证结果知 $\sin(\cos \alpha) < \cos(\sin \alpha)$, 所以也得到 $\sin(\cos \varphi) < \cos(\sin \varphi)$.

解法 3 与解法 2 不同处只是当 $0 \leqslant \varphi \leqslant \pi$ 时, 改用下法证明: 因为

$$\frac{\pi}{2} > \sqrt{2} \sin\left(\varphi + \frac{\pi}{4}\right),$$

也就是

$$\frac{\pi}{2} > \sqrt{2}\left(\frac{\sqrt{2}}{2} \cos \varphi + \frac{\sqrt{2}}{2} \sin \varphi\right),$$

因此

$$\frac{\pi}{2} - \cos \varphi > \sin \varphi.$$

因为当 $0 \leqslant \varphi \leqslant \pi$ 时, $\pi/2 - \cos \varphi, \sin \varphi \in [0, \pi]$, 而函数 $\cos t$ 在 $[0, \pi]$ 上单调递减, 所以

$$\cos\left(\frac{\pi}{2} - \cos \varphi\right) < \cos(\sin \varphi),$$

即得 $\sin(\cos \varphi) < \cos(\sin \varphi)$.

10.2 **解法 1** 作为 x 的二次三项式, 当 $x = -a/2$ 时, $x^2 + ax$ 的极小值是 $-a^2/2$; 类似地, 当 $y = -b/2$ 时, $y^2 + by$ 的极小值是 $-b^2/2$. 因此, 当 $(x, y) = (-a/2, -b/2)$ 时, $f_{\min} = c - a^2/2 - b^2/2$.

解法 2 **提示** 配方, $f = (x + a/2)^2 + (y + b/2)^2 + c - a^2/4 - b^2/4$, 由此可推出结果.

10.3 (1) 令 $z = x - y$, 则问题等价于求 $y + z + a/(yz)$ $(y, z > 0)$ 的极小值. 因为 $yz(a/(yz)) = a$ 是定值, 所以当 $y = z = a/(yz) = \sqrt[3]{a}$ 即 $(y, z) = (\sqrt[3]{a}, \sqrt[3]{a})$ 时 $y + z + a/(yz)$ 取得极小值 $3\sqrt[3]{a}$. 因此当 $(x, y) = (2\sqrt[3]{a}, \sqrt[3]{a})$ 时 $x + a/(y(x - y))$ 取得极小值 $3\sqrt[3]{a}$.

(2) **提示** $f = x^2 + xy/2 + xy/2$, 并且 $(x^2)(xy/2)(xy/2) = (x^2 y)^2/4 = a^2/4$ 是常数. 答案: 当 $(x, y) = (\sqrt[3]{4a}/2, \sqrt[3]{4a})$ 时, $f_{\min} = 3\sqrt[3]{2a^2}/2$.

(3) **提示** $f = x^4 + y^4 + 2z^2 = x^4 + y^4 + z^2 + z^2, x^4 \cdot y^4 \cdot z^2 \cdot z^2 = (xyz)^4 = 81^4$ 是定值. 由 $x^4 = y^4 = z^2 = \sqrt[4]{81^4}$(或不应用其中最后的等式, 而应用 $xyz = 81$) 求出当 $(x, y, z) = (3, 3, 9)$ 时达到极小值. 无极大值.

(4) 由 $rx \leqslant (r^2 + x^2)/2, sy \leqslant (s^2 + y^2)/2$ 得到

$$rx + sy \leqslant (x^2 + y^2 + r^2 + s^2)/2 = 1.$$

因此所求的最小值等于 1.

10.4 (1) 因为 $(xy)(2xz)(3yz) = 6 \cdot 48^2$ 是定值, 由 $xy = 2xz = 3yz = \sqrt[3]{6 \cdot 48^2}$ 得到正解 $(x, y, z) = (6, 4, 2)$, 所以 $f_{\min} = 72$.

(2) 虽然 $(x^2)(12y)(10xy^2)$ 是定值, 但 $x^2 = 12y = 10xy^2 = \sqrt[3]{120 \cdot 6^3}$

无解. 改用下法: 将 $y = 6/x$ 代入 f 的表达式, 得到 $f = x^2 + 432/x = x^2 + 216/x + 216/x$. 由此解出当 $(x, y) = (6, 1)$ 时 $f_{\min} = 108$.

10.5 **提示** 将表达式 f 化简得到

$$f = nx^2 - 2(a_1 + a_2 + \cdots + a_n)x + (a_1^2 + a_2^2 + \cdots + a_n^2)$$
$$= nx^2 - 2nA_nx + (a_1^2 + a_2^2 + \cdots + a_n^2),$$

然后应用定理 2.1.

10.6 当 $x \leqslant a_1$ 时,

$$f(x) = (a_1 - x) + (a_2 - x) + \cdots + (a_n - x)$$
$$= -nx + (a_1 + a_2 + \cdots + a_n);$$

当 $a_1 \leqslant x \leqslant a_2$ 时,

$$f(x) = (x - a_1) + (a_2 - x) + \cdots + (a_n - x)$$
$$= -(n-2)x + (-a_1 + a_2 + \cdots + a_n);$$

等等; 当 $a_{n-1} \leqslant x \leqslant a_n$ 时,

$$f(x) = (x - a_1) + (x - a_2) + \cdots + (x - a_{n-1}) + (a_n - x)$$
$$= (n-2)x + (-a_1 - a_2 + \cdots - a_{n-1} + a_n);$$

当 $x \geqslant a_n$ 时,

$$f(x) = (x - a_1) + (x - a_2) + \cdots + (x - a_{n-1}) + (x - a_n)$$
$$= nx + (-a_1 - a_2 + \cdots - a_{n-1} - a_n).$$

因此 f 的图像是一条无限长的折线, 它们的斜率由负变化到正, 所以图像的"谷底"在"中部". 精确言之: 若 n 为偶数, 则当 $x \in [a_{n/2}, a_{n/2+1}]$ 时, $f_{\min} = (a_n + a_{n-1} + \cdots + a_{n/2+1}) - (a_{n/2} + a_{n/2-1} + \cdots + a_2 + a_1)$; 若 n 为奇数, 则当 $x = a_{(n+1)/2}$ 时, $f_{\min} = (a_n + a_{n-1} + \cdots + a_{(n+1)/2}) - (a_{(n-1)/2} + \cdots + a_2 + a_1)$.

注 读者不妨举两个简单实例 (其中 n 分别为奇数和偶数) 画出图像, 以加深理解.

10.7 参见例 9.6 的解, 这里只给出两种解法 (其他解法留待读者完成).

解法 1 配方, 并记 $x_0 = \sqrt{-b/(2a)}$, 得到

$$f(x) = a \left(x^2 + \frac{b}{2a} \right)^2 - \frac{b^2}{4a} + c = a(x^2 - x_0^2)^2 - \frac{b^2}{4a} + c.$$

由此推出: 当 $a > 0$ 时 $f_{\min} = f(\pm x_0) = -\frac{b^2}{4a} + c$. 当 $a < 0$ 时 $f_{\max} = f(\pm x_0) = -\frac{b^2}{4a} + c$.

也可令 $y = x^2$, 考虑函数 $g(y) = ay^2 + by + c$.

解法 2 定义集合 $D = \{x \in \mathbb{R} \mid |x| < \sqrt{-b/a}\}$.

(i) 设 $a < 0, x_0$ 同解法 1, 我们有

$$f(x) = -ax^2 \left(-\frac{b}{a} - x^2 \right) + c.$$

当 $x \in D \backslash \{0\}$ 时, x^2 和 $-b/a - x^2$ 是和为定值 $-b/a (>0)$ 的正数, 所以由例 2.2 知当 $x^2 = -b/a - x^2$ 即当 $|x| = \sqrt{-b/(2a)}$ (注意此值属于 D) 时 $x^2(-b/a - x^2)$ 达到极大值 $b^2/(4a^2)$. 又因为 $f(0) = c, f(\pm x_0) > c$, 并且当 $x \notin D$ 时 $f(x) \leqslant c$, 所以 $f_{\max} = f(\pm x_0) = -b^2/(4a) + c$.

(ii) 若 $a > 0$, 则将 (i) 中的结果应用于函数 $g(x) = -f(x)$, 可知 $f_{\min} = -g_{\max} = -b^2/(4a) + c$.

10.8 (1) 对于任何实数 $x, \sqrt{x^2 + 4x + 85} \neq \sqrt{x^2 + 4x + 40}$, 因此 $f(x) \neq 0$, 从而 (有理化分母)

$$\frac{1}{f(x)} = \frac{1}{45}\left(\sqrt{(x+2)^2 + 81} + \sqrt{(x+2)^2 + 36}\right).$$

当 $x = -2$ 时, $1/f(x)$ 有极小值 $(9+6)/45 = 1/3$, 无极大值. 因此 $f_{\max} = f(-2) = 3$. 因为 $1/f(x) \geqslant 2|x+2|/45$, 当 $|x|$ 无限增加时 $1/f(x)$ 也无限增加, 所以 $1/f(x)$ 无极大值, 从而 $f(x)$ 无极小值.

(2) 令 $t = \sqrt{x^2 + 2x + 3}$, 则 $f(x) = t^2 - 2t + 2 = (t-1)^2 + 1 \geqslant 1$, 所以 $f_{\min} = 1$. 因为 $f(x) > (t-1)^2, t = \sqrt{x^2 + 2x + 3} = \sqrt{(x+1)^2 + 2} > |x+1|$, 所以 $f(x)$ 无极大值.

10.9 **解法 1** 由曲线表达式得到 $yx^2 - 2x + y = 0$, 由其判别式 $\Delta = 4(1 - y^2) \geqslant 0$ 得到 $|y| \leqslant 1$. 因此曲线最高点为 $(1,1)$, 最低点为 $(-1,-1)$.

解法 2 y 是奇函数, 曲线关于原点中心对称. 当 $x \geqslant 0$ 时, 由 A.–G. 不等式推出 $y \leqslant 1$, 等式当 $x = 1$ 时成立, 因此 $y_{\max} = y(1) = 1$. 从而曲线最高点为 $(1,1)$. 由对称性知最低点为 $(-1,-1)$.

10.10 (1) **解法 1** 改写

$$y = \frac{4(1-x) + 4x}{x} + \frac{(1-x) + x}{1-x} = \frac{4(1-x)}{x} + \frac{x}{1-x} + 5.$$

因为 $x, 1 - x > 0$, 所以可应用 A.–G. 不等式得到 $y_{\min} = 2 \cdot 2 + 5 = 9$.

解法 2 因为 $yx^2 - (3+y)x + 4 = 0$, 判别式 $\Delta = (y-9)(y-1) \geqslant 0$.

因此或 $y \geqslant 9$, 或 $y \leqslant 1$. 但因为 $0 < x < 1$, 所以 $y > 4/x > 4$, 从而 $y \geqslant 9$.
于是 $y_{\min} = 2 \cdot 2 + 5 = 9$.

(2) 改写

$$
\begin{aligned}
y &= (x-2)(x-8) \cdot (x-4)(x-6) + 12 \\
&= (x^2 - 10x + 16) \cdot (x^2 - 10x + 24) + 12 \\
&= (x^2 - 10x)^2 + 40(x^2 - 10x) + 20^2 - 4 \\
&= (x^2 - 10x + 20)^2 - 4.
\end{aligned}
$$

当 $x^2 - 10x + 20 = 0$, 即 $x = 5 \pm \sqrt{5}$ 时, $y_{\min} = -4$.

10.11 令

$$
a = x - 1, \quad b = \frac{y}{x} - 1, \quad c = \frac{z}{y} - 1, \quad d = \frac{4}{z} - 1.
$$

则在题给区域中 $a, b, c, d \geqslant 0$. 由 A.–G. 不等式得知

$$
a^2 + b^2 + c^2 + d^2 \geqslant 4\sqrt[4]{a^2 b^2 c^2 d^2},
$$

并且等式当且仅当 $a^2 = b^2 = c^2 = d^2$ 时成立. 因为 $a, b, c, d \geqslant 0$, 以及 $x, y, z > 0$, 所以 $a = b = c = d$. 由 $a = b$ 得到 $y = x^2$; 由 $a = d$ 得到 $x = 4/z$; 由 $c = d$ 得到 $y = z^2/4$. 于是

$$
\frac{1}{4} z^2 = \left(\frac{4}{z} \right)^2,
$$

由此解得 $z = 2\sqrt{2}$, 从而 $x = \sqrt{2}, y = 2$. 于是

$$
f_{\min} = f(\sqrt{2}, 2, 2\sqrt{2})
$$

$$= (\sqrt{2}-1)^2 + (\sqrt{2}-1)^2 + (\sqrt{2}-1)^2 + (\sqrt{2}-1)^2$$
$$= 4(\sqrt{2}-1)^2 = 12 - 8\sqrt{2}.$$

或者: 对应于解出的 x, y, z 的值, $a = x - 1 = \sqrt{2} - 1, b = y/x - 1 = \sqrt{2} - 1, c = z/y - 1 = \sqrt{2} - 1, d = 4/z - 1 = \sqrt{2} - 1$, 于是 $f_{\min} = 4\sqrt[4]{a^2 b^2 c^2 d^2} = 4\sqrt[4]{(\sqrt{2}-1)^8} = 4(\sqrt{2}-1)^2 = 12 - 8\sqrt{2}.$

10.12 (1) 由柯西不等式得到

$$(a+b+c+d)^2 \leqslant (1^2+1^2+1^2+1^2)(a^2+b^2+c^2+d^2),$$

即 $(8-e)^2 \leqslant 4(16-e^2)$. 化简后有 $5e^2 - 16e \leqslant 0$, 或 $e(5e-16) \leqslant 0$. 因为 $e > 0$, 所以 $5e - 16 \leqslant 0$, 于是 $e \leqslant 16/5$. 因此正整数 e 的极大值是 3.

(2) 参见例 8.2、练习题 8.2 和 8.3. 由柯西不等式可知

$$A^2 = (mx+ny+pz+qt)^2 \leqslant (m^2+n^2+p^2+q^2)(x^2+y^2+z^2+t^2),$$

等式仅当 $x/m = y/n = z/p = t/q(=\lambda)$ 时成立. 将 $x = m\lambda$ 等代入 $mx + ny + pz + qt = A$ 中求得 $\lambda = A/(m^2+n^2+p^2+q^2)$, 因此当 $x = mA/(m^2+n^2+p^2+q^2), y = nA/(m^2+n^2+p^2+q^2), z = pA/(m^2+n^2+p^2+q^2), t = qA/(m^2+n^2+p^2+q^2)$ 时, $y_{\min} = A^2/(m^2+n^2+p^2+q^2)$.

10.13 **解法 1** 限制条件等价于 $(x+y)^2 = xy(xy+1)$. 因为 $xy > 0$, 所以 $x+y = \sqrt{xy(xy+1)}$. 又因为 $(x+y)^2 \geqslant 4xy$, 所以 $xy(xy+1) \geqslant 4xy$, 从而 $xy \geqslant 3$. 于是

$$f(x,y) = x+y-xy = \sqrt{xy(xy+1)} - xy$$
$$= \frac{(\sqrt{xy(xy+1)} - xy)(\sqrt{xy(xy+1)} + xy)}{\sqrt{xy(xy+1)} + xy}$$

$$= \frac{xy(xy+1) - (xy)^2}{\sqrt{xy(xy+1)} + xy} = \frac{xy}{\sqrt{xy(xy+1)} + xy}.$$

最后一式中分子、分母同时除以 xy 得到

$$f(x,y) = \frac{1}{\sqrt{1 + \dfrac{1}{xy}} + 1} \geqslant \frac{1}{\sqrt{1 + \dfrac{1}{3}} + 1} = 2\sqrt{3} - 3,$$

当且仅当 $x = y = \sqrt{3}$ 时等式成立 (取最小值). 类似地, 有

$$g(x,y) = \frac{1}{\sqrt{1 + \dfrac{1}{xy}} - 1} \geqslant \frac{1}{\sqrt{1 + \dfrac{1}{3}} - 1} = 2\sqrt{3} + 3,$$

当且仅当 $x = y = \sqrt{3}$ 时等式成立 (取最小值).

解法 2　令 $u = 1/x, v = 1/y$, 则限制条件成为 $(u+v)^2 - 1 = uv$. 这是 (u,v) 平面上的椭圆, 其长轴与 U 轴夹角为 $-\pi/4$(通过绕原点旋转 $\pi/4$ 的坐标变换, 可化为长短轴分别平行于坐标轴的椭圆). 在变换 $u = 1/x, v = 1/y$ 下, 并注意 $(u+v)^2 - 1 = uv$, 可知

$$f(x,y) = x + y - xy = \frac{1}{u} + \frac{1}{v} - \frac{1}{uv} = \frac{u+v-1}{uv}$$
$$= \frac{u+v-1}{(u+v)^2 - 1} = \frac{1}{u+v+1}.$$

类似地, 有

$$g(x,y) = x + y + xy = \frac{1}{u+v-1}.$$

由几何考虑, 平行于椭圆长轴的直线族 $u + v = c$ 当 $c = 2/\sqrt{3}$ 时与椭圆相切 (此时 $u = v$, 由椭圆方程求得 $u = v = 1/\sqrt{3}$), 这是点 (u,v) 在区域 $\{(u,v) \mid u > 0, v > 0, (u+v)^2 - 1 \leqslant uv\}$ 中变动时 $u + v$ 的最大值,

并且相应的最大值点 $(u,v) = (1/\sqrt{3}, 1/\sqrt{3})$, 从而 $(x,y) = (\sqrt{3}, \sqrt{3})$. 于是 $f(x,y) = x+y-xy$ 和 $g(x,y) = x+y+xy$ 的最小值分别是

$$\cfrac{1}{\cfrac{2}{\sqrt{3}}+1} = 2\sqrt{3}-3, \qquad \cfrac{1}{\cfrac{2}{\sqrt{3}}-1} = 2\sqrt{3}+3.$$

10.14 (1) 因为 $\sin^2 x + \cos^2 x = 1, y = (\sin^2 x)^{p/2}(\cos^2 x)^{q/2}$, 所以由练习题 3.10 得到: 当

$$\frac{\sin^2 x}{p/2} = \frac{\cos^2 x}{q/2}(=\lambda)$$

时, y 取极大值. 由 $\sin^2 x = p\lambda/2, \cos^2 x = q\lambda/2$ 可知 $p\lambda/2 + q\lambda/2 = 1$, 解出 $\lambda = 2/(p+q), \sin^2 x = p/(p+q), \cos^2 x = q/(p+q)$. 于是当 $\sin x = \sqrt{p/(p+q)}$ (或 $\cos x = \sqrt{q/(p+q)}$)时, $y_{\max} = \sqrt{p^p q^q/(p+q)^{p+q}}$. 又因为 $0 \leqslant x \leqslant \pi/2$, 所以 $y \geqslant 0$, 从而 $y_{\min} = 0$.

(2) **提示** 注意 $\tan x, \cot x > 0, (\tan^p x)^{1/p}(\cot^q x)^{1/q} = 1$, 可应用例 3.6. 当 $\tan^p x/(1/p) = \cot^q x/(1/q)(=\lambda)$ 时 y 取极小值. 由 $\tan x = (\lambda/p)^{1/p}, \cot x = (\lambda/q)^{1/q}, \tan x \cot x = 1$ 解得 $\lambda = (p^q q^p)^{1/(p+q)}$. 答案: $y_{\min} = (p+q)(p^q q^p)^{1/(p+q)}/(pq)$. 由正切函数和余切函数的性质可知 y 无极大值 (读者自证).

注 本题中, 实际上可设 p,q 是正实数.

10.15 参见例 4.2. 令 $t = \sin x$, 则问题归结为求二次三项式

$$f(t) = t^2 + pt + q \quad (|t| \leqslant 1)$$

的极值. 当 $t \in \mathbb{R}$ 时, 抛物线对称轴是 $t = -p/2$, 最低点是 $(-p/2, (4q-p^2)/4)$.

(i) 若 $p \geqslant 2$(即 $-p/2 \leqslant -1$), 函数 $f(t)$ 在区间 $[-1,1]$ 的端点上达到极值. 对应地, y 在 $[-\pi/2, \pi/2]$ 的端点上达到极值. 因此 $y_{\min} = y(-\pi/2) = 1 - p + q, y_{\max} = y(\pi/2) = 1 + p + q$.

(ii) 若 $p \leqslant -2$(即 $-p/2 \geqslant 1$), $y_{\min} = y(\pi/2) = 1 + p + q, y_{\max} = y(-\pi/2) = 1 - p + q$.

(iii) 若 $|p| \leqslant 2$(即 $-1 \leqslant -p/2 \leqslant 1$), $y_{\min} = y\big(-\arcsin(p/2)\big) = (4q - p^2)/4, y_{\max} = \max\{y(-\pi/2), y(\pi/2)\} = 1 + |p| + q$.

10.16 (1) 方法之一(参见练习题 4.4(1) 的解法): 因为

$$y = \sin\frac{A}{2}\sin\frac{B}{2}\sin\frac{C}{2} = \frac{1}{2}\left(\cos\frac{A-B}{2} - \cos\frac{A+B}{2}\right)\sin\frac{C}{2}$$
$$= \frac{1}{2}\left(\cos\frac{A-B}{2} - \sin\frac{C}{2}\right)\sin\frac{C}{2},$$

令 $x = \sin(C/2)$, 则

$$x^2 - \left(\cos\frac{A-B}{2}\right)x + 2y = 0$$

有实根, 所以判别式

$$\Delta = \cos^2\frac{A-B}{2} - 8y \geqslant 0,$$

于是 $y_{\max} = 1/8$.

(2) 因为 $A/2 + B/2 + C/2 = \pi/2$, 所以由 3 角之和的正切公式得到

$$\tan\frac{A}{2}\tan\frac{B}{2} + \tan\frac{B}{2}\tan\frac{C}{2} + \tan\frac{C}{2}\tan\frac{A}{2} = 1.$$

于是

$$\tan^2\frac{A}{2} + \tan^2\frac{B}{2} + \tan^2\frac{C}{2}$$

$$= 1 + \frac{1}{2}\left(\left(\tan\frac{A}{2} - \tan\frac{B}{2}\right)^2 + \left(\tan\frac{B}{2} - \tan\frac{C}{2}\right)^2\right.$$

$$\left. + \left(\tan\frac{C}{2} - \tan\frac{A}{2}\right)^2\right) \geqslant 1.$$

由此推出所求的极小值为 1(当 $A = B = C$ 时).

或者: 由柯西不等式, 有

$$1 = \tan\frac{A}{2} \cdot \tan\frac{B}{2} + \tan\frac{B}{2} \cdot \tan\frac{C}{2} + \tan\frac{C}{2} \cdot \tan\frac{A}{2}$$

$$\leqslant \sqrt{\tan^2\frac{A}{2} + \tan^2\frac{B}{2} + \tan^2\frac{C}{2}}\sqrt{\tan^2\frac{B}{2} + \tan^2\frac{C}{2} + \tan^2\frac{A}{2}}$$

$$= \tan^2\frac{A}{2} + \tan^2\frac{B}{2} + \tan^2\frac{C}{2};$$

当 $A = B = C$ 时等式成立.

(3) 方法之一: 由本题 (2) 的解可知

$$\tan\frac{A}{2}\tan\frac{B}{2} + \tan\frac{B}{2}\tan\frac{C}{2} + \tan\frac{C}{2}\tan\frac{A}{2} = 1.$$

由 A.–G. 不等式得到

$$\left(\tan\frac{A}{2}\tan\frac{B}{2}\right)\left(\tan\frac{B}{2}\tan\frac{C}{2}\right)\left(\tan\frac{C}{2}\tan\frac{A}{2}\right)$$

$$= \tan^2\frac{A}{2}\tan^2\frac{B}{2}\tan^2\frac{C}{2}$$

$$\leqslant \left(\frac{1}{3}\right)^3\left(\tan\frac{A}{2}\tan\frac{B}{2} + \tan\frac{B}{2}\tan\frac{C}{2} + \tan\frac{C}{2}\tan\frac{A}{2}\right)^3$$

$$= \frac{1}{27}.$$

因此 $y_{\max} = \sqrt{3}/9$(当 $A = B = C$ 时).

(4) **提示**　方法之一: 首先证明

$$\sin A + \sin B + \sin C = 4\cos\frac{A}{2}\cos\frac{B}{2}\cos\frac{C}{2},$$

然后应用例 4.5 求 $y_{\max}$. 答案: $y_{\max} = 3\sqrt{3}/8$(当 $A = B = C$ 时).

10.17　**解法 1**　令 $t = \tan\dfrac{x}{2}$, 由 $0 < x < \pi$ 可知 $t > 0$. 于是

$$
\begin{aligned}
y &= \frac{1}{\sin x} + \frac{1 - \cos x}{\sin x} \\
&= \frac{\sin^2\dfrac{x}{2} + \cos^2\dfrac{x}{2}}{2\sin\dfrac{x}{2}\cos\dfrac{x}{2}} + \frac{2\sin^2\dfrac{x}{2}}{2\sin\dfrac{x}{2}\cos\dfrac{x}{2}} \\
&= \frac{\tan^2\dfrac{x}{2} + 1}{2\tan\dfrac{x}{2}} + \tan\frac{x}{2} \\
&= \frac{1}{2}\tan\frac{x}{2} + \frac{1}{2\tan\dfrac{x}{2}} + \tan\frac{x}{2} \\
&= \frac{1}{2t} + \frac{3t}{2} \geqslant 2\sqrt{\frac{1}{2t}\cdot\frac{3t}{2}} = \sqrt{3}.
\end{aligned}
$$

仅当 $1/(2t) = 3t/2$ 即 $x = \pi/3$ 时等式成立, 此时 $y_{\min} = \sqrt{3}$.

因为 x 可以任意接于 0, 此时 y 无限增加, 所以无极大值.

解法 2　因为 $0 \leqslant x \leqslant \pi$, 所以 $\sin x = \sqrt{1 - \cos^2 x}$, 于是

$$y = \frac{2 - \cos x}{\sqrt{1 - \cos^2 x}}.$$

去分母得到

$$y\sqrt{1 - \cos^2 x} = 2 - \cos x,$$

两边平方, 得到 $\cos x$ 的二次方程

$$(1 + y^2)(\cos x)^2 - 4(\cos x) + (4 - y^2) = 0.$$

由判别式 $\Delta = y^2(y^2 - 3) \geqslant 0$, 以及 $0 \leqslant x \leqslant \pi$, 立得 $y \geqslant \sqrt{3}$. 所以 $y_{\min} = \sqrt{3}$. 同解法 1 知无极大值.

10.18 **提示** 由根与系数的关系, $\alpha + \beta = \sqrt{\sin\theta} + \sqrt{\cos\theta}, \alpha\beta = \sqrt{\sin\theta\cos\theta}$. 于是 $\alpha^2 + \beta^2 = \sqrt{2}\sin(\theta + \pi/4)$. 答案: 当 $\theta = 2k\pi + \pi/4$ 时, 极大值等于 $\sqrt{2}$.

10.19 (1) **提示** 对于分母中的式子, 应用半角公式, 并且注意在题设条件下, $\sin(x/2), \cos(x/2) > 0$, 最终得到 $f(x) = \sqrt{2}\cot x$. 答案: $f_{\max} = \sqrt{2}, f_{\min} = \sqrt{6}/3$.

(2) (i) 若 $\sin\theta \neq 0$, 则 $0 < \theta < \pi$, 于是

$$\begin{aligned}
f(x) &= \frac{\sin\theta}{2}\left(x^2 - \frac{2}{\sin\theta}x\right) + \frac{\sin\theta}{2} + \sqrt{3}\cos\theta \\
&= \frac{\sin\theta}{2}\left(\left(x - \frac{1}{\sin\theta}\right)^2 - \frac{1}{\sin^2\theta}\right) + \frac{\sin\theta}{2} + \sqrt{3}\cos\theta \\
&= \frac{\sin\theta}{2}\left(x - \frac{1}{\sin\theta}\right)^2 - \frac{1}{2\sin\theta} + \frac{\sin\theta}{2} + \sqrt{3}\cos\theta.
\end{aligned}$$

因为当 $0 < \theta < \pi$ 时 $\sin\theta > 0$, 所以当 $|x - 1/\sin\theta|$ 极小时 f 极小. 注意 $1/\sin\theta > 1, |x| \leqslant 1$, 所以 $f_{\min} = f(1) = \sin\theta + \sqrt{3}\cos\theta - 1$.

若 $\sin\theta = 0$, 则 $\theta = 0$ 或 π, 所以 $f(x) = -x \pm \sqrt{3}$. 注意 $|x| \leqslant 1$, 从而也有 $f_{\min} = f(1) = \sin\theta + \sqrt{3}\cos\theta - 1$.

(ii) 因为 $m(x) = 2\sin(\theta + \pi/3) - 1$(参见例 4.1), 其中 $\pi/3 \leqslant \theta + \pi/3 \leqslant \pi + \pi/3 = 4\pi/3$, 因此当 $\theta + \pi/3 = 4\pi/3$ 即 $\theta = \pi$ 时 $m_{\min} = -\sqrt{3} - 1$.

(3) (i) $f(x) = (\cos 2\theta - \sin 2\theta)x + 2\sin 2\theta - \cos 2\theta + 1$, 这是 x 的一次式. 区分 $\cos 2\theta - \sin 2\theta$ 的符号, 可得: 当 $0 \leqslant \theta \leqslant \pi/8$ 时,

$M(\theta) = 1 + \cos 2\theta; m(\theta) = 1 + \sin 2\theta.$ 当 $\pi/8 < \theta \leqslant \pi/4$ 时, $M(\theta) = 1 + \sin 2\theta; m(\theta) = 1 + \cos 2\theta.$

(ii) 由步骤 (i) 中的结果得到 $f_{\max} = 2$(当 $x = 2, \theta = 0$ 或 $x = 1, \theta = \pi/4$); $f_{\min} = 1$(当 $x = 1, \theta = 0$ 或 $x = 2, \theta = \pi/4$).

(4) 因为 $\cos x - \sin x = \sqrt{2}\cos(x + \pi/4)$, 所以 $|a| \leqslant \sqrt{2}$. 又因为 $y = (\cos x - \sin x)(\cos^2 x + \cos x \sin x + \cos^2 x) = a(1 + \cos x \sin x)$, 并且 $\cos x \sin x = (1 - a^2)/2$, 所以

$$y = -\frac{1}{2}(a^3 - 3a) \quad (-1 \leqslant a \leqslant 1).$$

由练习题 9.11 可知当 $a = -1$ 时 y 取极小值 -1, 当 $a = 1$ 时 y 取极大值 1.

(5) **解法 1** 首先作恒等变形得到

$$f = 2\big(\sin x + \cos x \sin(y + \pi/6)\big).$$

当 $\cos x \geqslant 0$ 时, 有

$$f \leqslant 2(\sin x + \cos x) = 2\sqrt{2}\sin(x + \pi/4) \leqslant 2\sqrt{2}.$$

因此当 $y + \pi/6 = \pi/2, x + \pi/4 = \pi/2$ 时, $f = 2\sqrt{2}$. 当 $\cos x < 0$ 时, 有

$$f \leqslant 2(\sin x - \cos x) = 2\sqrt{2}\sin(x - \pi/4) \leqslant 2\sqrt{2}.$$

因此当 $y + \pi/6 = 3\pi/2, x - \pi/4 = \pi/2$ 时, $f = 2\sqrt{2}$. 于是当 $(x, y) = (\pi/4, \pi/3)$, 或 $(3\pi/4, 4\pi/3)$ 时, $f_{\max} = 2\sqrt{2}$.

解法 2 令 $z = y + \pi/6$. 那么

$$(\sin x + \cos x \sin z)^2 + (\cos x - \sin x \sin z)^2 = 1 + \sin^2 z,$$

所以

$$(\sin x + \cos x \sin z)^2 \leqslant 1 + \sin^2 z \leqslant 2.$$

于是 $\sin x + \cos x \sin z \leqslant \sqrt{2}$. 并且当 $\sin^2 z = 1, (\cos x - \sin x \sin z)^2 = 0$ 时等式成立 (由此推出 x, y 的相应值), 此时 $f_{\max} = 2\sqrt{2}$.

(6)　**解法 1**　作恒等变形:

$$\begin{aligned}
f(x, y) &= \frac{1}{\sin x} + \frac{1}{\sin y} = \frac{\sin x + \sin y}{\sin x \sin y} \\
&= \frac{2 \sin \dfrac{x+y}{2} \cos \dfrac{x-y}{2}}{\sin x \sin y} = \frac{4 \sin \dfrac{x+y}{2} \cos \dfrac{x-y}{2}}{\cos(x-y) - \cos(x+y)}.
\end{aligned}$$

因为

$$\cos(x-y) = \frac{1}{2}\left(\cos^2 \frac{x-y}{2} - 1\right),$$

$$\cos(x+y) = \frac{1}{2}\left(\cos^2 \frac{x+y}{2} - 1\right),$$

所以上述 f 表达式的分母

$$\begin{aligned}
&\cos(x-y) - \cos(x+y) \\
&= \frac{1}{2}\left(\cos^2 \frac{x-y}{2} - \cos^2 \frac{x+y}{2}\right) \\
&= \frac{1}{2}\left(\cos \frac{x-y}{2} - \cos \frac{x+y}{2}\right)\left(\cos \frac{x-y}{2} + \cos \frac{x+y}{2}\right),
\end{aligned}$$

从而

$$\begin{aligned}
&\frac{1}{\cos(x-y) - \cos(x+y)} \\
&= \frac{1}{2 \cos \dfrac{x-y}{2}}\left(\frac{1}{\cos \dfrac{x-y}{2} - \cos \dfrac{x+y}{2}}\right.
\end{aligned}$$

$$+ \frac{1}{\cos\dfrac{x-y}{2} + \cos\dfrac{x+y}{2}}\right).$$

于是

$$f(x,y) = 2\sin\frac{x+y}{2}\left(\frac{1}{\cos\dfrac{x-y}{2} - \cos\dfrac{x+y}{2}} + \frac{1}{\cos\dfrac{x-y}{2} + \cos\dfrac{x+y}{2}}\right)$$

$$= 2\sin\frac{\sigma}{2}\left(\frac{1}{\cos\dfrac{x-y}{2} - \cos\dfrac{\sigma}{2}} + \frac{1}{\cos\dfrac{x-y}{2} + \cos\dfrac{\sigma}{2}}\right).$$

因为 σ 是定值, 所以当 $\cos\dfrac{x-y}{2} = 1$ 时, f 极小. 因此当 $x = y$ 时, 有

$$f_{\min} = 2\sin\frac{\sigma}{2}\left(\frac{1}{1 - \cos\dfrac{\sigma}{2}} + \frac{1}{1 + \cos\dfrac{\sigma}{2}}\right) = \frac{2}{\sin\dfrac{\sigma}{2}} = 2\csc\frac{\sigma}{2}.$$

解法 2 因为 $\sin x, \sin y > 0$, 所以由 A.–H. 不等式得到

$$\frac{2}{f(x,y)} \leqslant \frac{1}{2}(\sin x + \sin y).$$

等式仅当 $x = y$ 时成立. 因为 $x + y = \sigma$ 是定值, 依例 4.4, 当 $x = y$ 时 $\sin x + \sin y$ 有极大值 $2\sin\dfrac{\sigma}{2}$, 因此此时 $f_{\min} = 2\csc\dfrac{\sigma}{2}$.

10.20 (1) **提示** 将 f 改写为

$$f = \left(1 + \frac{1}{\sin x - 2}\right) - \left(1 + \frac{-1}{3 - \sin x}\right)$$

$$= \frac{1}{\sin x - 2} + \frac{1}{3 - \sin x} = -\frac{1}{(\sin x - 2)(\sin x - 3)}.$$

注意 $(\sin x - 2)(\sin x - 3) \neq 0$, 应用例 4.2 的解法 (或参见补充习题 10.15). 答案: $f_{\max} = -1/12, f_{\min} = -1/2$.

(2) **提示** 与例 4.2 类似, $f = -(t^2 + 3t - 10), |t| \leqslant 1$. 答案: $f_{\max} = 12, f_{\min} = 6$.

(3) 恒等变形得到:

$$f = 1 + \tan^2 x + (1 + \cot^2 x)(1 + \tan^2 y)(1 + \cot^2 y)$$
$$= 1 + \tan^2 x + (1 + \cot^2 x)(1 + \tan^2 y + \cot^2 y + \tan^2 y \cot^2 y)$$
$$= 1 + \tan^2 x + (1 + \cot^2 x)(2 + \tan^2 y + \cot^2 y).$$

因为

$$\tan^2 y + \cot^2 y \geqslant 2 \tan y \cot y = 2,$$

等式仅当 $\tan y = \cot y$ 即 $y = \pi/4$ 时成立, 所以

$$f \geqslant 1 + \tan^2 x + 4(1 + \cot^2 x) = 5 + (\tan^2 x + 4 \cot^2 x).$$

又因为

$$\tan^2 x + 4 \cot^2 x \geqslant 2(\tan x)(2 \cot x) = 4,$$

等式仅当 $\tan x = 2 \cot x$ 即 $\tan = \sqrt{2}$(注意 $0 < x < \pi/2$) 时成立. 因此 $f \geqslant 5 + 4 = 9$, 从而 $f_{\min} = 9$(当 $x = \arctan \sqrt{2}, y = \pi/4$ 时).

注 上面解法是对变量 x, y 分别处理; 不可同时 "混合" 地处理变量 x, y. 例如若由

$$1 + \tan^2 x \geqslant 2 \tan x, \quad 1 + \cot^2 x \geqslant 2 \cot x,$$
$$1 + \tan^2 y \geqslant 2 \tan y, \quad 1 + \cot^2 y \geqslant 2 \cot y$$

推出

$$f \geqslant 2 \tan x + (2 \cot x)(2 \tan y)(2 \cot y) = 2 \tan x + 8 \cot x$$

$$\geqslant 2\sqrt{(2\tan x)\cdot(8\cot x)}=8,$$

那么等式成立的条件是 $\tan x=1, \cot x=1, \tan y=1, \cot y=1$ 以及 $2\tan x=8\cot x$, 这不可能.

(4) **提示** 令 $u=\tan x$, 则

$$f=\frac{1+u^2-u}{1+u^2+u},$$

于是

$$f(1+u+u^2)=1-u+u^2,$$

由判别式 $\Delta=(3f-1)(3-f)\geqslant 0$ 得到 $f_{\max}=3, f_{\min}=1/3$.

(5) **提示** 由函数式得到

$$4(\cos x)^2-(2\sqrt{3}f)(\cos x)-3=0.$$

然后用判别式 $\Delta\geqslant 0$. 答案: $f_{\max}=2, f_{\min}=-2$.

注 不可用 A.–G. 不等式, 因为 $\cos x$ 未必非负.

(6) **提示** 令 $u=1+\cos x$, 将 f 变形:

$$f=\frac{\big((a-1)+u\big)\big((b-1)+u\big)}{u}$$
$$=\frac{(a-1)(b-1)}{u}+(a-1)+(b-1)+u.$$

注意 $(a-1)(b-1)>0$, 可应用 A.–G. 不等式. 答案: $f_{\min}=a+b-2+2\sqrt{(a-1)(b-1)}$.

(7) 恒等变形得到 (读者补出计算细节)

$$10f=\left(\frac{1-\cos 2x}{2}\right)^5+\left(\frac{1+\cos 2x}{2}\right)^5+\frac{10}{4}\sin^2 2x$$

$$= \frac{2 + 20\cos^2 2x + 10\cos^4 2x}{32} + \frac{5}{2}(1 - \cos^2 2x)$$
$$= \frac{5}{16}(\cos^2 2x - 3)^2 - \frac{1}{4}.$$

因为 $0 \leqslant \cos^2 2x \leqslant 1$, 所以 $f_{\max} = 41/160, f_{\min} = 1/10$.

(8) 由周期性, 可设 $0 \leqslant x, y, x+y < 2\pi$. 若 $0 < x, y, x+y < \pi$, 则令 $z = \pi - x - y$, 那么 $x + y + z = \pi, 0 < x, y, z < \pi$, 并且 $f = \sin x + \sin y + \sin z$. 由例 4.5(2) 可知, 当

$$\sin x = \sin y = \sin(x+y) = \sin\frac{\pi}{3} = \frac{\sqrt{3}}{2} \tag{$*$}$$

时, $f_{\max} = 3\sqrt{3}/2$. 若 $x = 0$, 则 $\sin x = 0$, 于是 $f = \sin y + \sin y \leqslant 2 < 3\sqrt{3}/2$. 若 $\pi \leqslant x < 2\pi$, 则 $\sin x \leqslant 0$, 于是 $f \leqslant \sin y + \sin(x+y) \leqslant 2 < 3\sqrt{3}/2$. 同理可证, 若 y(或 $x+y$) 等于 0 或落在区间 $[\pi, 2\pi)$ 中, 也有 $f < 3\sqrt{3}/2$. 因此当式 $(*)$ 成立时, $f_{\max} = 3\sqrt{3}/2$.

10.21 (1) 令 $\theta = \arcsin x \, (-\pi/2 \leqslant \theta \leqslant \pi/2)$, 则 $\sin\theta = x, |x| \leqslant 1$, 并且

$$\cos(2\arcsin x) = \cos 2\theta = 1 - \sin^2\theta = 1 - 2x^2; \quad \sin(\arcsin x) = x.$$

于是

$$y = -2x^2 + 2x + 1 = -2\left(x + \frac{1}{2}\right)^2 + \frac{3}{2} \quad (|x| \leqslant 1).$$

由此求得 $y_{\max} = y(-1/2) = 3/2, y_{\min} = \min\{y(-1), y(1)\} = -3$.

(2) **提示** 我们有

$$y = 1 + c + \frac{b^2}{4} - \left(\sin x - \frac{b}{2}\right)^2.$$

若 $|b| > 2$, 则 $(|b|/2-1)^2 \leqslant (\sin x - b/2)^2 \leqslant (|b|/2+1)^2$, 所以 $y_{\max} = 1+c+b^2/4-(|b|/2-1)^2 = |b|+c, y_{\min} = -|b|+c$. 于是 $|b|+c=9, -|b|+c = 6$, 从而 $2|b| = 9-6 = 3, |b| = 3/2 < 2$, 得到矛盾. 因此 $|b| \leqslant 2$. 此时 $0 \leqslant (\sin x - b/2)^2 \leqslant (|b|/2+1)^2$, 从而 $y_{\max} = 1+c+b^2/4 = 9, y_{\min} = -|b|+c = 6$. 由此解得 $b = \pm 2(\sqrt{3}-1), c = 4+2\sqrt{3}$.

(3) **提示** 我们有

$$8xy+4y^2+1 = 2x \cdot 4y + 4y^2 + 1 = -12y^2 + 4y + 1$$
$$= -12\left(y - \frac{1}{6}\right)^2 + \frac{4}{3} \quad (y > 0).$$

注意 $F(t) = \log_{1/3} t$ 当 $t > 0$ 时是 t 的单调减函数. 答案: $f_{\min} = f(1/6, 1/6) = \log_{1/3}(4/3), f_{\max} = f(1/2, 0) = 0$.

(4) **提示** 注意

$$f = \log_{1/2}\left(-3(y-1)^2 + 3\right) \quad (0 < y < 2).$$

答案: $f_{\min} = \log_{1/2} 3 = -\log_2 3$, 无极大值.

10.22 (1) 圆 $x^2+y^2 = 25$ 上的点有参数表示 $x = 5\cos\theta, y = 5\sin\theta (0 \leqslant \theta \leqslant 2\pi)$. 于是 $f = 25(3\cos^2\theta + 4\sin\theta\cos\theta + 6\sin^2\theta)$. 由例 4.3 得知最大值为 175, 最小值为 50.

(2) 若 $5x^2 - 2xy + y^2 = 4$, 则 $y^2 - (2x)y + (5x^2-4) = 0$, 其判别式 $\Delta = 4x^2 - 4(5x^2-4) \geqslant 0$, 因此 $|x| \leqslant 1$. 于是存在 $\theta \in [0, 2\pi)$, 使得 $x = \cos\theta$. 将此代入原方程, 得到 $y = \cos\theta \pm 2\sin\theta$. 但因为 $\cos\theta - 2\sin\theta = \cos(2\pi-\theta) + 2\sin(2\pi-\theta)$, 并且 $2\pi - \theta \in [0, 2\pi)$, 所以

只需取 (参数表示)

$$x = \cos\theta, \quad y = \cos\theta + 2\sin\theta.$$

将此参数式代入 $f = x^2 + xy + y^2$, 得到 $f = 6 + 5\sin 2\theta - 2\cos 2\theta = 6 + \sqrt{29}\sin(2\theta + \gamma)$, 其中 γ 是辅助角, 满足 $\cos\gamma = 5/\sqrt{29}, \sin\gamma = -2/\sqrt{29}$(参见例 4.1). 于是 $f_{\max} = 6 + \sqrt{29}, f_{\min} = 6 - \sqrt{29}$.

(3) (i) 令 $\cot\alpha = x, \cot\beta = y, \cot\gamma = z$, 其中 $\alpha, \beta, \gamma \in (0, \pi/2)$. 由 $1/x + 1/y + 1/z = 1/(xyz)$ 得到

$$\tan\alpha + \tan\beta + \tan\gamma = \tan\alpha\tan\beta\tan\gamma,$$

因此

$$\tan\gamma = -\tan(\alpha + \beta) = \tan\big(-(\alpha + \beta)\big).$$

所以 γ 与 $-(\alpha + \beta)$ 之差是 π 的一个倍数. 由 $\alpha, \beta, \gamma \in (0, \pi/2)$ 可知 $0 < \alpha + \beta + \gamma < 3\pi/2$, 于是 $\alpha + \beta + \gamma = \pi$.

(ii) 因为 $f = \csc\alpha + \csc\beta + \csc\gamma, \alpha + \beta + \gamma = \pi$, 所以由练习题 4.4(3) 得到: 当 $\alpha = \beta = \gamma = \pi/3$, 即 $x = y = z = \sqrt{3}$ 时, $f_{\min} = 2\sqrt{3}$.

10.23 **提示** (1) (请读者按下列所说画草图) 设弓形的圆心为 O, 半径为 r, 弦为 AB, 对称轴 (半径) 为 OC(于是 C 为弧 AB 的中点), 内接矩形为 $MNPQ$(其中 MN 在 AB 上, 点 M 靠近点 A). 还设 OC 与 PQ, AB 分别交于 D, E.

解法 1 记 $\angle AOB = 2\alpha, \angle QOP = 2x$. 那么 $PQ = 2r\sin x, QM = r\cos x - r\cos\alpha$. 于是内接矩形面积

$$S = 2r^2\sin x(\cos x - \cos\alpha).$$

因为 $0 < x < \alpha < \pi/2, \cos x - \cos \alpha > 0$, 所以可应用 A.–G. 不等式. 为此考虑

$$f(x) = \sin^2 x(\cos x - \cos \alpha)^2 = (1 - \cos^2 x)(\cos x - \cos \alpha)^2$$
$$= (1 - \cos x)(1 + \cos x)(\cos x - \cos \alpha)^2.$$

引进待定常数 $\lambda > 0$ (参见例 9.7(2)), 定义

$$\widetilde{f}(x) = \lambda(\lambda + 1)f(x)$$
$$= \lambda(1 + \cos x) \cdot (\lambda + 1)(1 - \cos x) \cdot (\cos x - \cos \alpha)^2.$$

正因子之和 $\lambda(1 + \cos x) + (\lambda + 1)(1 - \cos x) + (\cos x - \cos \alpha) = 2\lambda + 1 - \cos \alpha$ 是定值. 由练习题 3.10 可知, 当

$$\frac{\lambda(1 + \cos x)}{1} = \frac{(\lambda + 1)(1 - \cos x)}{1} = \frac{\cos x - \cos \alpha}{2}$$

时 $\widetilde{f}(x)$ 取得极大值, 从而弓形的内接矩形面积极大. 由上式可知

$$\frac{\lambda + 1}{\lambda} = \frac{1 + \cos x}{1 - \cos x},$$

应用比例性质, 得到

$$\frac{1}{\lambda} = \frac{2\cos x}{1 - \cos x}, \quad \lambda = \frac{1 - \cos x}{2\cos x}.$$

于是

$$\frac{\cos x - \cos \alpha}{2} = \frac{1 - \cos x}{2\cos x} \cdot (1 + \cos x).$$

由此解出 $\cos x = (\cos \alpha \pm \sqrt{\cos^2 \alpha + 8})/4$. 注意 $\cos x > 0$, 所以只取

$$\cos x = \frac{1}{4}(\cos \alpha + \sqrt{\cos^2 \alpha + 8}).$$

由 x 即可确定内接矩形位置.

解法 2 记 $OE = a$, 设 $OD = x$, 则 $DP = \sqrt{r^2 - x^2}$. 于是内接矩形面积

$$S = 2(x-a)\sqrt{r^2 - x^2}.$$

考虑 S^2, 令

$$g(x) = 4(x-a)^2(r^2 - x^2) = \frac{4}{\alpha\beta}(x-a) \cdot (x-a) \cdot \alpha(r-x) \cdot \beta(r+x),$$

其中 $\alpha, \beta > 0$ 是待定常数. 为了 4 个正因子之和

$$(x-a) + (x-a) + \alpha(r-x) + \beta(r+x) = (2 - \alpha + \beta)x + (\alpha + \beta)r - 2a$$

是正常数 (与 x 无关), 应取

$$\alpha - \beta = 2.$$

又应用 A.–G. 不等式时, 要使得 4 个正因子相等, 所以

$$\alpha(r-x) = \beta(r+x) = x-a,$$

因而（由 $\alpha(r-x) = \beta(r+x)$）

$$\alpha + \beta = \frac{(\alpha - \beta)r}{x} = \frac{2r}{x}.$$

于是

$$\alpha = \frac{1}{2}\big((\alpha + \beta) + (\alpha - \beta)\big) = \frac{r}{x} + 1.$$

由此及 $\alpha(r-x) = x-a$ 得到

$$\frac{r^2 - x^2}{x} = x-a, \quad 2x^2 - ax - r^2 = 0.$$

于是解出

$$x = \frac{1}{4}(a + \sqrt{a^2 + 8r^2})$$

(另一根为负数, 不合题意).

注 在解法 1 的记号下, 由得到的解可知

$$r\cos x = \frac{r\cos\alpha + \sqrt{r^2\cos^2\alpha + 8r^2}}{4}.$$

因此与解法 2 的解是一致的.

(2) 设 M 是弧 AB 的中点. 顶点 C, D 分别在弧 AM, BM 上, 顶点 E, F 分别在半径 OB, OA 上. 令 $\angle MOD = x$. 则

$$CD = 2r\sin x, \quad DE = r\cos x - r\sin x\cot\alpha = \frac{r\sin(\alpha - x)}{\sin\alpha}.$$

于是矩形 $CDEF$ 的面积

$$S = \frac{r^2\big(\cos(\alpha - 2x) - \cos\alpha\big)}{\sin\alpha}.$$

由此可知: 当 $x = \alpha/2$ 时, $S_{\max} = r^2\tan(\alpha/2)$.

10.24 (1) **提示** 设四边形 $ABCD$ 的边 $AB = a, BC = b, CD = c, DA = d$, 一组对角 $\angle B = \alpha, \angle D = \beta$. 那么它的面积

$$S = \frac{1}{2}(ab\sin\alpha + cd\sin\beta),$$

于是 $2S = ab\sin\alpha + cd\sin\beta$, 两边平方得到

$$4S^2 = a^2b^2\sin^2\alpha + c^2d^2\sin^2\beta + 2abcd\sin\alpha\sin\beta.$$

又由余弦定理, $a^2 + b^2 - 2ab\cos\alpha = c^2 + d^2 - 2cd\cos\beta (= AC^2)$, 所以 $(a^2 + b^2 - c^2 - d^2)/2 = ab\cos\alpha - cd\cos\beta$, 两边平方得到

$$\frac{1}{4}(a^2 + b^2 - c^2 - d^2)^2 = a^2b^2\cos^2\alpha + c^2d^2\cos^2\beta - 2abcd\cos\alpha\cos\beta.$$

将所得二等式相加, 有

$$4S^2 = -\frac{1}{4}(a^2+b^2-c^2-d^2)^2 + a^2b^2 + c^2d^2 - 2abcd\cos(\alpha+\beta).$$

由此可见, 当 $\alpha+\beta = \pi$(即四边形内接于圆) 时 S 最大.

注　(续上述解法) 设 $s = (a+b+c+d)/2$(四边形的半周长), 则由上式得到

$$16S^2 = -(a^2+b^2-c^2-d^2)^2 + 4a^2b^2 + 4c^2d^2 - 8abcd\cos(\alpha+\beta)$$
$$= \Omega - 8abcd\big(1+\cos(\alpha+\beta)\big),$$

其中

$$\begin{aligned}
\Omega &= -(a^2+b^2-c^2-d^2)^2 + 4a^2b^2 + 4c^2d^2 + 8abcd \\
&= (2ab+2cd)^2 - (a^2+b^2-c^2-d^2)^2 \\
&= (2ab+2cd+a^2+b^2-c^2-d^2)(2ab+2cd-a^2-b^2+c^2+d^2) \\
&= \big((a+b)^2-(c-d)^2\big)\big((c+d)^2-(a-b)^2\big) \\
&= (a+b+c-d)(a+b-c+d)(c+d+a-b)(c+d-a+b),
\end{aligned}$$

因为 $a+b+c-d = a+b+c+d-2d = 2s-2d = 2(s-d)$, 类似地, $a+b-c+d = 2(s-c), c+d+a-b = 2(s-b), c+d-a+b = 2(s-a)$, 所以

$$\Omega = 16(s-a)(s-b)(s-c)(s-d),$$

于是得到四边形面积公式

$$S^2 = (s-a)(s-b)(s-c)(s-d) - \frac{1}{2}\big(1+\cos(\alpha+\beta)\big);$$

并且由三角学知识易见对角之和 $\alpha + \beta$ 可换为另一组对角之和 $\gamma + \delta$. 特别, 若四边形内接于圆, 则 $1 + \cos(\alpha + \beta) = 1 + \cos\pi = 0$, 于是

$$S = \sqrt{(s-a)(s-b)(s-c)(s-d)}.$$

(2) 设各边长为 $AB = a, BC = b, CD = c, DA = x$, 其中 $a + b + c = l$, 并且 l 给定. 因为四边形面积最大, 所以依本练习题 (1), 它内接于圆. 由上面的注可知它的面积

$$S = \sqrt{(s-a)(s-b)(s-c)(s-d)}.$$

因为 $s = (a+b+c+x)/2 = (l+x)/2$, 所以 $s - a = (l - 2a + x)/2$, 等等, 于是

$$S^2 = \frac{1}{16}(l-2a+x)(l-2b+x)(l-2c+x)(l-x)$$
$$= \frac{1}{3 \cdot 16}(l-2a+x)(l-2b+x)(l-2c+x)(3l-3x).$$

因为 $l - 2a + x, l - 2b + x, l - 2c + x, 3l - 3x > 0$, 并且 $(l-2a+x)+(l-2b+x)+(l-2c+x)+(3l-3x) = 6l - 2(a+b+c) = 6l - 2l = 4l > 0$ 是常数, 所以当

$$l - 2a + x = l - 2b + x = l - 2c + x = 3l - 3x = \frac{4l}{4}$$

时 S^2 极大. 由此可知 $a = b = c$, 并且第四条边长 $x = 2a$. 因为四边形内接于圆, 由 $AB = DC$ 推出 BC 平行于 AD. 设 O 是 AD 的中点, 那么 BC 与 AO 平行且相等, 所以 $ABCO$ 是平行四边形 (实际是菱形), 于是 COD 是正三角形. 由此推出四边形的内角

$\angle A = \angle D = 60°, \angle B = \angle C = 120°$. 可见四边形 $ABCD$ 是圆内接正六边形的"一半", O 是它的外接圆的中心.

10.25 (1) **解法 1** 因为若内切圆半径为 r, 三角形周长为 l, 则三角形面积 $S = rl/2$(将内切圆圆心与三个顶点相连, 计算所得三个三角形面积, 即可得到这个公式), 并且题中所讨论的三角形有相同的面积 (因为底边和高固定), 所以当 $AB + AC$ 最小时 r 最大. 我们断言: 当 $\triangle ABC$ 是等腰三角形 $(AB = AC)$ 时, $AB + AC$ 最小. 为此在 l 上任取另外一点 A'. 以 B, C 为焦点, 作经过点 A' 的椭圆, 那么 (由焦点的定义) 椭圆上任意一点与 B, C 的距离之和等于 $A'B + A'C$. 因为 l 与椭圆只交于两点: A' 和另外一点 A'', 并且 A', A'' 关于 BC 的垂直平分线对称, 所以 A 就是这条垂直平分线与 l 的交点, 落在椭圆内部, 从而 $AB + AC < A'B + A'C$. 这就证明了上述断言.

解法 2 设三角形的面积为 S, 内切圆半径为 r, 那么 $S = (a+b+c)r/2$(见解法 1), 同时 $S = ah/2$, 其中 a 是 BC 之长, b, c 是另二边之长, h 是平行线 l 与 BC 间的距离, 于是 $(a+b+c)r/2 = ah/2$, 或者 $r = 2ah/(a+b+c)$. 应求 A 的位置, 使得 $b+c$ 最小. 为此求 B 关于 l 的对称点 B', 那么 $B'C$ 与 l 的交点就是所求的点 A(读者补出有关证明).

(2) **提示** 三角形的周长

$$l = r\cot\frac{A}{2} + r\cot\frac{B}{2} + r\cot\frac{C}{2}.$$

因为 $A/2 + B/2 + C/2 = \pi/2$, 所以由 3 角之和的余切公式推出

$$\cot\frac{A}{2} + \cot\frac{B}{2} + \cot\frac{C}{2} = \cot\frac{A}{2}\cot\frac{B}{2}\cot\frac{C}{2},$$

于是

$$l = r \cot \frac{A}{2} \cot \frac{B}{2} \cot \frac{C}{2}.$$

因为 $\angle A$ 是定值, 所以 $B/2 + C/2 = \pi/2 - A/2$ 也是定值. 由练习题 4.3(3) 可知当 $B = C$(即等腰三角形) 时 l 极小, 等于 $r \tan^2 \left(\dfrac{\pi}{4} - \dfrac{A}{4} \right)$.

10.26 (1) **解法 1** 设 $PQ \perp OB, PR \perp OA$, 其中 Q, R 是垂足, 还设 $PR = a, PQ = b, MR = u, QN = v$. 由 $\triangle MRP \sim \triangle PQN$ 得到 $uv = ab$. 那么问题归结为求

$$f = \sqrt{a^2 + u^2} + \sqrt{b^2 + v^2} = \sqrt{a^2 + u^2} + \sqrt{b^2 + \frac{a^2 b^2}{u^2}}$$
$$= \sqrt{a^2 + u^2} \left(1 + \frac{b}{u} \right)$$

的极大值. 因为

$$f^2 = (a^2 + u^2) \left(1 + \frac{b}{u} \right)^2$$
$$= (a^2 + b^2) + \left(u^2 + \frac{a^2 b}{u} + \frac{a^2 b}{u} \right) + \left(bu + bu + \frac{a^2 b^2}{u^2} \right),$$

恰好对右边第二和第三项 (指括号整体) 应用 A.–G. 不等式时, 达到极值的自变量 u 取同样的值, 因此当 $u = \sqrt[3]{a^2 b}, v = \sqrt[3]{ab^2}$ 时,

$$(f^2)_{\max} = (a^2 + b^2) + 3\sqrt[3]{u^2 \cdot \frac{a^2 b}{u} \cdot \frac{a^2 b}{u}} + 3\sqrt[3]{bu \cdot bu \cdot \frac{a^2 b^2}{u^2}}$$
$$= (\sqrt[3]{a^2})^3 + 3(\sqrt[3]{a^2})^2 (\sqrt[3]{b^2}) + 3(\sqrt[3]{a^2})(\sqrt[3]{b^2})^2 + (\sqrt[3]{b^2})^3$$
$$= (\sqrt[3]{a^2} + \sqrt[3]{b^2})^3,$$

因此线段 MN 的长度极大值是 $(a^{2/3} + b^{2/3})^{3/2}$.

解法 2 设 $\angle OMN = \theta, a, b$ 之意义同上, 那么 $PM = a/\sin\theta, PN = b/\cos\theta$. 问题归结为求

$$f = \frac{a}{\sin\theta} + \frac{b}{\cos\theta}$$

的极大值. 令 $x = \tan\theta$, 则可求出 (读者补出计算细节)

$$f^2 = a^2 + b^2 + \left(abx + abx + \frac{a^2}{x^2}\right) + \left(b^2 x^2 + \frac{ab}{x} + \frac{ab}{x}\right).$$

类似于解法 1, 得到 $x = \sqrt[3]{a/b}$, 于是 $\sin\theta = \sqrt[3]{a}/\sqrt{\sqrt[3]{a^2} + \sqrt[3]{b^2}}, \cos\theta = \sqrt[3]{b}/\sqrt{\sqrt[3]{a^2} + \sqrt[3]{b^2}}$, 等等.

(2) 设所求点为 M, 光源 A 的强度为 I_1, 光源 B 的强度为 I_2. 令 $AM = d$, 则 $BM = l - d$. 于是 M 处的亮度

$$J = k\left(\frac{I_1}{d^2} + \frac{I_2}{(l-d)^2}\right),$$

其中 $k > 0$ 是比例系数 (常数). 令 $x = d/(l-q)$, 则

$$J = \frac{k(1+x)^2(I_1 + x^2 I_2)}{l^2 x^2}$$
$$= I_2 x^2 + 2I_2 x + \frac{2I_1}{x} + \frac{I_1}{x^2} + I_1 + I_2.$$

然后采用本练习题 (1) 的解法. 答案: M 与 A, B 距离之比为 $\sqrt[3]{I_2/I_1}$.

注 上面解法中应用 A.–G. 不等式有点 "巧合". 一般地, 因为 S^2(或 J) 是简单的分式和多项式之和, 所以可首先讨论它们的单调区间 (参见例 9.14、练习题 9.11 和 9.13 等).

10.27 提示 (1) 设矩形顶点为 $(\pm x, 0), (\pm x, y)$ (这里 $y = -x^2 + 12$), 要求 $S = 2x(12 - x^2)$ 的极大值. 注意 $(2S)^2 = 2\left(2x^2 \cdot (12 - x^2) \cdot (12 - x^2)\right)$. 由此求得 $x = 2$, 极大面积为 $4 \cdot 8 = 32$.

(2)　设上底顶点是 $(\pm x, 12 - x^2)$，则面积

$$S = (12 - x^2)(\sqrt{12} + x).$$

将它表示成

$$\frac{1}{2} \cdot (2\sqrt{12} - 2x)(\sqrt{12} + x)(\sqrt{12} + x).$$

答案: $x = 2\sqrt{3}/3$, 极大面积为 $256\sqrt{3}/9$.

10.28　(1)　距离 $d = \sqrt{(x-a)^2 + y^2}$, 其中 (x,y) 是 $y^2 = 4x$ 上的任意一点. 因为 $y^2 = 4x$, 所以 $d = \sqrt{(x-a)^2 + 4x}$. 只需求

$$f(x) = (x-a)^2 + 4x = x^2 + (4-2a)x + a^2$$

的极小值. 依定理 2.1, 当 $x = a - 2$ 时 $f_{\min} = 4(a-1)$. 因为 (x,y) 满足 $y^2 = 4x$, 所以 $x \geqslant 0$. 还必须 $f \geqslant 0$. 因此 a 必须同时满足 $a - 2 \geqslant 0, 4(a-1) \geqslant 0$, 即 $a \geqslant 2$. 此时 $d_{\min} = 2\sqrt{a-1}$. 曲线上与 A 最近的点, 当 $a > 2$ 时有两个: $(a-2, \pm 2\sqrt{a-2})$ (因为 $y^2 = 4x$); 当 $a = 2$ 时只有一个: $(0,0)$. 注意, 当 $a < 2$ 时, 也是一个: $(0,0)$(因为 A 在抛物线的对称轴上).

(2)　**提示**　$d^2 = x^4 - (2a-1)x^2 + a^2$, 其中 (x,y) 是抛物线 $y = x^2$ 上任意一点. 参见例 9.6. 答案: 若 $a \leqslant 1/2$, 曲线上与 P 最近的点是 $(0,0)$; 若 $a > 1/2$, 则有两个: $(\pm\sqrt{a-1/2}, a-1/2)$.

10.29　(1)　所求距离记为 d. 那么 $d^2 = (x-0)^2 + (y-9)^2 = x^2 + y^2 - 18y + 81$. 由椭圆方程可知 $x^2 = 100 - 4y^2$, 代入后得到

$$d^2 = -3y^2 - 18y + 181.$$

于是当 $y = -3$ 时, $(d^2)_{\max} = 208$. 应用 $x^2 = 100 - 4y^2$ 求出当 $y = -3$ 时 $x = \pm 8$. 因此与 P 最远的点是 $(8,3),(-8,-3)$, 并且 $d_{\max} = \sqrt{208} = 4\sqrt{13}$.

从所给椭圆的图形立知 $(0,5)$ 与 P 最近, $d_{\min} = 4$.

(2) **提示** 因为

$$d^2 = (x-k)^2 + y^2 = \frac{16}{25}x^2 - 2kx + (k^2+9),$$

并且由椭圆方程可知 $|x| \leqslant 5$. 参考补充练习题 10.15 的解法 (区分抛物线与区间 $[-5,5]$ 的不同相互位置). 答案: $k \geqslant 16/5$ 时, 一个点: $(5,0); k < 16/5$ 时, 两个点: $(25k/16, \pm 3\sqrt{1 - 25k^2/256})$.

10.30 **提示** (1) 将所求距离记为 $2d$, 则 $d^2 = x^2 + y^2$. 令 $u = x^2, v = y^2$, 问题归结为在约束条件 $u^2/(a^2)^2 + v^2/(b^2)^2 = 1$ 之下求 $f = u + v$ 的极值. 见例 9.11. $d_{\max} = \sqrt{a^4 + b^4}$.

(2) $d^2 = x^2 + y^2 = x^2 + a/x = x^2 + a/(2x) + a/(2a)$. 答案: $(\sqrt[3]{4a}/2, \pm\sqrt[6]{2}\sqrt[3]{a})$.

10.31 用反证法. 记 $AA_1 = m, A_1B = m', BB_1 = n, B_1C = n', CC_1 = p, C_1D = p', DD_1 = q, D_1A = q'$. 那么 $a < \sqrt{2}/2$, 所以

$$m'^2 + n^2 = a^2 < \frac{1}{2}.$$

类似地, 有

$$n'^2 + p^2 < \frac{1}{2}, \quad p'^2 + q^2 < \frac{1}{2}, \quad q'^2 + m^2 < \frac{1}{2}.$$

将四个不等式相加, 得到

$$(m^2 + m'^2) + (n^2 + n'^2) + (p^2 + p'^2) + (q^2 + q'^2) < 2.$$

因为 $m^2 + m'^2 = (m+m')^2 - 2mm' = 1 - 2mm'$, 等等, 所以上式左边等于 $4 - 2(mm' + nn' + pp' + qq')$, 从而推出

$$mm' + nn' + pp' + qq' > 1.$$

另一方面, 有

$$mm' \leqslant \left(\frac{m+m'}{2}\right)^2 = \frac{1}{4},$$

等等, 所以

$$mm' + nn' + pp' + qq' \leqslant 1.$$

于是得到矛盾.

10.32　提示　通过坐标变换, 可求出曲线方程的标准形 (椭圆), 从而可解本题, 但不如下法简便: 将曲线方程改写为 x 的二次方程

$$2x^2 + 2x(y+2) + (y^2 + 4y - 14) = 0.$$

解出

$$x = \frac{1}{2}\big(-y - 2 \pm \sqrt{-y^2 - 4y + 32}\,\big).$$

由此推出 $-y^2 - 4y + 32 \geqslant 0$, 于是 $-8 \leqslant y \leqslant 4$. 将端点值代入上式, 得到 $x = -3$ 和 $x = 3$. 因此 Y 坐标最大的点是 $(-3, 4)$, Y 坐标最小的点是 $(3, -8)$.

类似地, 由曲线方程解出

$$y = -x - 2 \pm \sqrt{-x^2 + 18},$$

可知 X 坐标最大的点是 $(\sqrt{18}, -\sqrt{18} - 2)$, X 坐标最小的点是 $(-\sqrt{18}, \sqrt{18} - 2)$.

10.33 (1) 设三边长分别为 a, b, c(标准记法). 因为面积 $S = (bc\sin A)/2$ 及 $\angle A$ 是常数, 所以 bc 也是常数. 又由余弦定理, 三角形周长

$$l = a + b + c = \sqrt{b^2 + c^2 - 2bc\cos A} + b + c.$$

因为 $b^2 + c^2 \geqslant 2bc$ 以及 $b + c = (\sqrt{b})^2 + (\sqrt{c})^2 \geqslant 2\sqrt{b}\sqrt{c} = 2\sqrt{bc}$, 其中等式都是仅当 $b = c$ 时成立, 所以周长最小的是等腰三角形.

(2) **解法 1** 注意 $a = l - b - c$, 由余弦定理得到

$$(l - b - c)^2 = b^2 + c^2 - 2bc\cos A,$$

因此

$$4bc\cos^2\frac{A}{2} + l^2 = 2l(b + c) \geqslant 4l\sqrt{bc}$$

(其中等式仅当 $b = c$ 时成立), 即

$$4bc\cos^2\frac{A}{2} - 4l\sqrt{bc} + l^2 \geqslant 0.$$

这是 $\sqrt{bc}$ 的二次不等式, 它的解是:

$$\sqrt{bc} \leqslant \frac{l\left(1 - \sin\dfrac{A}{2}\right)}{2\cos^2\dfrac{A}{2}} = \frac{l}{2\left(1 + \sin\dfrac{A}{2}\right)},$$

或者

$$\sqrt{bc} \geqslant \frac{l\left(1 + \sin\dfrac{A}{2}\right)}{2\cos^2\dfrac{A}{2}} = \frac{l}{2\left(1 - \sin\dfrac{A}{2}\right)}.$$

但因为 $\sqrt{bc} \leqslant (b+c)/2 < l/2$, 所以后一不等式不可能成立, 于是由前一不等式推出三角形面积

$$S = \frac{1}{2}bc\sin A = \frac{1}{2}(\sqrt{bc})^2 \sin A \leqslant \frac{l^2 \sin A}{8\left(1+\sin\dfrac{A}{2}\right)^2},$$

其中等式仅当 $b=c$ 时成立, 此时达到

$$S_{\max} = \frac{l^2 \sin A}{8\left(1+\sin\dfrac{A}{2}\right)^2}.$$

解法 2　提示　由三角形面积公式

$$S = \sqrt{s(s-a)(s-b)(s-c)}$$

(其中 $s=l/2$ 是三角形周长之半), 以及三角公式

$$\tan\frac{A}{2} = \sqrt{\frac{(s-b)(s-c)}{s(s-a)}},$$

$$\tan\frac{B}{2} = \sqrt{\frac{(s-c)(s-a)}{s(s-b)}},$$

$$\tan\frac{C}{2} = \sqrt{\frac{(s-a)(s-b)}{s(s-c)}},$$

得到

$$S = \frac{l^2}{4}\tan\frac{A}{2}\tan\frac{B}{2}\tan\frac{C}{2}.$$

因为 $A+B+C=\pi$, 所以 $B/2+C/2 = \pi/2 - A/2$ 是定值. 问题归结为在此条件下求 $\tan(B/2)\tan(C/2)$ 的极值. 由练习题 4.3(3) 即得

$$S_{\max} = \frac{l^2}{4}\tan\frac{A}{2}\tan^2\left(\frac{\pi}{4}-\frac{A}{4}\right).$$

注 上述两种解法所得结果是一致的, 为此应证明

$$2\tan\frac{A}{2}\tan^2\left(\frac{\pi}{4}-\frac{A}{4}\right)\left(1+\sin\frac{A}{2}\right)^2=\sin A.$$

事实上, 由正切半角公式, 有

$$\tan^2\left(\frac{\pi}{4}-\frac{A}{4}\right)=\frac{1-\cos\left(\dfrac{\pi}{2}-\dfrac{A}{2}\right)}{1-\cos\left(\dfrac{\pi}{2}+\dfrac{A}{2}\right)}=\frac{1-\sin\dfrac{A}{2}}{1+\sin\dfrac{A}{2}},$$

所以待证恒等式的左边等于

$$2\tan\frac{A}{2}\left(1-\sin\frac{A}{2}\right)\left(1+\sin\frac{A}{2}\right)=2\tan\frac{A}{2}\left(1-\sin^2\frac{A}{2}\right)$$

$$=2\tan\frac{A}{2}\cos^2\frac{A}{2}=2\sin\frac{A}{2}\cos\frac{A}{2}=\sin A.$$

10.34 提示 由 $y(x^2+36)=12x(x-a)$ 及 $\Delta\geqslant0$ 得到 $6-\sqrt{36+a^2}\leqslant y\leqslant 6+\sqrt{36+a^2}$. 当 $x=6(\sqrt{36+a^2}-6)/a$ 时, $y_{\min}=6-\sqrt{36+a^2}$; 当 $x=-6(\sqrt{36+a^2}+6)/a$ 时, $y_{\max}=6+\sqrt{36+a^2}$.

若要求极值为整数, 则必须且只需 $36+a^2=b^2$ 或者 $(b+a)(b-a)=36$ 有整数解 a,b. 考虑 36 的所有因式分解 (因子可为负整数), 并且注意 $(b+a)+(b-a)=2b$ 是偶数, 可知只可能 $(b+a,b-a)=(2,18),(18,2),(-2,-18),(-18,-2)$. 因此 $a=\pm8$. 相应地, $-4\leqslant y\leqslant16$. 于是当 $x=\pm3$ 时, $y_{\min}=4$; 当 $x=\mp12$ 时, $y_{\max}=16$.

10.35 解法 1 由 $y+x=\sqrt{\alpha x^2+\beta}$ 得到 $(\alpha-1)x^2-2yx+(\beta-y^2)=0$. 判别式 $\Delta=4\alpha y^2-4(\alpha-1)\beta$. 因为当 $x\geqslant0$ 时, $y=\sqrt{\alpha x^2+\beta}-x\geqslant\sqrt{\alpha x^2}-x=(\sqrt{\alpha}-1)x>0$, 所以 $y\geqslant\sqrt{(\alpha-1)\beta/\alpha}$, 于是 $y_{\min}=\sqrt{(\alpha-1)\beta/\alpha}$(当 $x=\sqrt{\beta/(\alpha(\alpha-1))}$).

解法 2 应用例 9.13(2)(或其解法 1 的方法, 请读者补出计算细节).

10.36 **提示** 参考例 4.5 后的注 1°. 首先作恒等变换, 得到

$$\cot A + \cot B + \cot C = \cot A + \frac{2\sin A}{\cos(B-C)+\cos A},$$

由此可见, 若 A 固定, 则上式右边当 $B=C$ 时极小; 类似地, 若 B(或 C) 固定, 可得到相应的结论. 因此若极小值存在, 则只能当 $A=B=C$ 时达到.

10.37 **提示** 设 $\cos x \neq 0$(下文表明此假设不影响求极值), 则

$$\frac{y}{\cos^2 x} = a\tan^2 x + 2b\tan x + c,$$

即 $y(1+\tan^2 x) = a\tan^2 x + 2b\tan x + c$, 于是得到 $\tan x$ 的二次方程 $(y-a)\tan^2 x - 2b\tan x + (y-c) = 0$.

10.38 **提示** 由 $x-y-2a=0$ 得到 $y=x-2a$, 由 $ax+ay+z=0$ 得到 $z=-a(x+y)=-2a(x-a)$. 将 x 作为参数, 直线 l 上的点有坐标 $(x, x-2a, -2a(x-a))$. 于是 $A(0,0,-2)$ 与 l 上的点间的距离 $f(a)$ 的平方

$$f^2(a) = x^2 + (x-2a)^2 + \big(-2a(x-a)+2\big)^2,$$

这是 x 的二次方程, 由定理 2.1 得到 f 的极小值(即 $d(a)$)

$$d(a) = \sqrt{\frac{4a^4+2a^2+4}{2a^2+1}} = \sqrt{2a^2 + \frac{4}{2a^2+1}}.$$

因为

$$2a^2 + \frac{4}{2a^2+1} = (2a^2+1) + \frac{4}{2a^2+1} - 1,$$

所以由 A.–G. 不等式得到: 当 $a = \pm\sqrt{2}/2$ 时, $d(a)$ 极小.

10.39 **提示** 首先用数学归纳法证明: 当 $n \geqslant 4$ 时, $\sqrt[n]{n} < \sqrt[3]{3}$. $n = 4$ 时命题显然成立. 设 $k \geqslant 4$, 并且 $\sqrt[k]{k} < \sqrt[3]{3}$. 要证 $\sqrt[k+1]{k+1} < \sqrt[3]{3}$, 也就是要证 $(k+1)^3 < 3^{k+1}$. 因为由归纳假设知 $3^{k+1} = 3 \cdot 3^k > 3k^3$, 所以只需证明 $3k^3 > (k+1)^3$, 也就是要证 $3k^3 > k^3 + 3k^2 + 3k + 1$. 因为当 $k \geqslant 4$ 时, $k^3 = k \cdot k^2 > 3k^2$, 以及 $k^3 - 3k = k(k^2 - 3) > 1$(即 $k^3 > 3k+1$), 所以 $3k^3 > (k+1)^3$ 成立. 于是完成归纳证明. 答案: $\sqrt[3]{3}$.

10.40 (1) 由题设条件得到 $(x-y)^2 + y^2 = 2$, 所以可设 $y = \sqrt{2}\cos\theta, x - y = \sqrt{2}\sin\theta$, 于是 $x = \sqrt{2}(\sin\theta + \cos\theta)$. 由此得到

$$f(x,y) = |\sqrt{2}\sin\theta + 2\sqrt{2}\cos\theta| = \sqrt{10}|\sin(\theta + \varphi)|,$$

其中 φ 是某个常数. 因此 $f_{\max} = \sqrt{10}, f_{\min} = 0$.

(2) 设 $x = r\sin\theta, y = r\cos\theta$, 则 $x^2 + y^2 = r^2$, 并且

$$f(x,y) = r^2(\sin^2\theta - \sin\theta\cos\theta + \cos^2\theta) = r^2\left(1 - \frac{\sin 2\theta}{2}\right).$$

因为由题设条件得到 $1 \leqslant r^2 \leqslant 2$, 以及

$$\frac{1}{2} \leqslant 1 - \frac{\sin 2\theta}{2} \leqslant \frac{3}{2},$$

所以 $f_{\max} = 3, f_{\min} = 1/2$.

(3) 因为 $x^2 + y^2 = z^2$, 所以由勾股定理, x, y, z 是一个直角三角形的三边 (z 为斜边). 可设 $x = z\cos\theta, y = z\sin\theta, \theta \in (0, \pi/2)$. 于是 $(x+y)/z = \cos\theta + \sin\theta = \sqrt{2}\sin(\theta + \pi/4)$, 因此 $f_{\max} = \sqrt{2}$.

10.41 **解法 1** 令三角形的三边分别为 a, b, c(边 c 的对角 $\angle C$ 是直角), $\angle B = x$. 那么 $a = c\cos x, b = c\sin x$, 周长 $l = c(1 + \sin x + \cos x)$,

所以

$$c = \frac{l}{1+\sin x + \cos x}.$$

三角形面积

$$S = \frac{1}{2}ab = \frac{1}{2}c^2 \sin x \cos x$$
$$= \frac{l^2}{2} \cdot \frac{\sin x \cos x}{(1+\cos x + \sin x)^2}.$$

因为

$$(1+\cos x + \sin x)^2$$
$$= 1 + \cos^2 x + \sin^2 x + 2\cos x + 2\sin x + 2\cos x \sin x$$
$$= 2(1 + \cos x + \sin x + \cos x \sin x),$$

所以

$$\frac{\sin x \cos x}{(1+\cos x + \sin x)^2} = \frac{\sin x \cos x}{2(1+\sin x)(1+\cos x)}$$
$$= \frac{1}{2} \cdot \frac{\sin x}{1+\cos x} \cdot \frac{\sin(90° + x)}{1 - \cos(90° + x)}$$
$$= \frac{1}{2} \cdot \tan \frac{x}{2} \cot \left(45° + \frac{x}{2}\right),$$

又因为

$$\tan \frac{x}{2} \cot \left(45° + \frac{x}{2}\right) = \frac{\sin \frac{x}{2} \cos \left(45° + \frac{x}{2}\right)}{\cos \frac{x}{2} \sin \left(45° + \frac{x}{2}\right)}$$
$$= \frac{\sin(45° + x) + \sin(-45°)}{\sin(45° + x) + \sin(45°)}$$

$$= \frac{\sin(45° + x) - \frac{\sqrt{2}}{2}}{\sin(45° + x) + \frac{\sqrt{2}}{2}}$$

所以

$$S = \frac{l^2}{4}\left(1 - \frac{\sqrt{2}}{\sin(45° + x) + \frac{\sqrt{2}}{2}}\right).$$

因为 $0° < x < 90°, 45° < 45° + x < 135°$, 因此 (应用正弦曲线的特性) 当 $45° + x = 90°$ 即 $x = 45°$(即等腰直角三角形) 时, 取得 $S_{\max} = (3 - 2\sqrt{2})l^2/4$.

解法 2 记号同上. $S = ab/2, l = a + b + \sqrt{a^2 + b^2} \geqslant 2\sqrt{ab} + \sqrt{2ab} = (2 + \sqrt{2})\sqrt{ab} = (2 + \sqrt{2})\sqrt{2S}$. 当 $a = b$ 时等式成立. 于是

$$\sqrt{S} \leqslant \frac{l}{2 + 2\sqrt{2}}; \quad S \leqslant \frac{l^2}{(2 + 2\sqrt{2})^2}.$$

因此当 $a = b$(等腰三角形) 时 $S_{\max} = (3 - 2\sqrt{2})l^2/4$.

10.42 令 $BM = x$. 因为 $\triangle ABC$ 和 $\triangle MBN$ 共顶角, 所以面积比等于

$$\frac{MB \cdot NB}{CB \cdot AB} = \frac{1}{2}.$$

因此 $BN = (1/2) \cdot 4 \cdot 5/x = 10/x$. 于是

$$MN^2 = \left(\frac{10}{x}\sin B\right)^2 + \left(x - \frac{10}{x}\cos B\right)^2.$$

此处右边第二项当 $\angle NMB \leqslant 90°$ 时, 由 $\left(x - (10/x)\cos B\right)^2$ 得到, 当 $\angle NMB > 90°$ 时, 由 $\left((10/x)\cos B - x\right)^2$ 得到. 化简后有

$$MN^2 = x^2 + \frac{100}{x^2} \pm 20\cos B,$$

可见当 $x = \sqrt{10}, NB = 10/x = \sqrt{10}$(此时 $\cos B = 4/5$) 时 MN 长度最小, 等于 2.

10.43 **提示** (1) 设 $CD = a, AD = b, DP = x$, 则 $CP = a - x$. 由 $\triangle QPC \sim \triangle APD$, 得到 $CQ = b(a-x)/x$. 因此 $\triangle APD$ 与 $\triangle CPQ$ 面积之和

$$S = \frac{1}{2}\left(bx + (a-x) \cdot \frac{b}{x}(a-x) \right).$$

由此得到二次方程

$$2bx^2 - 2(ab + S)x + a^2 b = 0.$$

由判别式 $\Delta = (ab + S)^2 - 2a^2 b^2 \geqslant 0$ 推出 $S \geqslant (\sqrt{2} - 1)ab$. 因此 $S_{\min} = (\sqrt{2} - 1)ab$. 将此代入上述方程, 解出 $x = \sqrt{2}a/2, a - x = (2 - \sqrt{2})a/2$, 所以 $DP : PC = 1 : (\sqrt{2} - 1)$ 时所说面积最小.

(2) 设 $MN = a, l_1$ 与 l_2 间距离为 $b, \triangle MIN$ 的边 MN 上的高为 h. 那么所求面积

$$S = \frac{a}{2}\left(2h + \frac{b^2}{h} - 2b \right).$$

答案: 当 $h = \sqrt{2}b/2$ 时, $S_{\min} = (\sqrt{2} - 1)b$.

10.44 **提示** 设等腰三角形底边上的高为 x, 圆半径为 r, 则三角形面积

$$S = \frac{rx^2}{\sqrt{x(x - 2r)}}.$$

注意

$$S^2 = \left(\frac{r}{x} \cdot \frac{r}{x} \cdot \left(1 - \frac{2r}{x}\right) \right)^{-1} \cdot r^4,$$

然后应用 A.–G. 不等式. 可知当 $x = 3r$ 时 S 最小. 由 $x = 3r$ 可推出对于三角形顶角 θ 有 $\sin(\theta/2) = 1/2$, 所以 $\theta = \pi/3$. 最后, 因为 $S = lr/2$(其中 l 为三角形周长), 所以 S 最小, 当且仅当 l 最小.

10.45　设 $AA' = a, O$ 与 AA' 的距离为 d, 那么

$$d = \sqrt{r^2 - \frac{a^2}{4}}.$$

四边形 $PAA'P'$ 是梯形, 其面积等于以腰 AA' 为底边、腰 PP' 的中点 (O) 为顶点的三角形的面积的 2 倍 (将梯形化为一个等面积的平行四边形, 就可推出此结论, 请读者自证), 因此四边形 $PAA'P'$ 的面积

$$S = a\sqrt{r^2 - \frac{a^2}{4}}.$$

解出

$$a^2 = 2r^2 \pm 2\sqrt{r^4 - S^2}.$$

因此 $r^4 - S^2 \geqslant 0$, 从而 $S_{\max} = r^2$.

　　注　题设 $PP' \geqslant \sqrt{2}r$ 的原因: 实际上四边形 $PAA'P'$ 是直角梯形, 所以 $AA' \leqslant PP'$. 当 S 极大时, $r^4 - S^2 = 0$, 从而 $a^2 = 2r^2$, 可见 $PP' \geqslant a = \sqrt{2}r$.

　　10.46　参见补充练习题 10.25(1).

　　解法 1　设底边 $BC = a$, 则顶点 A 在以 B, C 为焦点的一个椭圆上 (椭圆上任一点与 B, C 距离之和等于 $b + c$), 当 A 位于椭圆与 Y 轴的交点位置时 (由对称性, 只取其一), 三角形 ABC 的高极大, 从而面积极大.

　　解法 2　作等腰三角形 A_0BC, 其中 $BC = a, A_0B = A_0C = (b +$

$c)/2$. 过 A_0 作直线 l 平行于 BC. 设 B' 是 B 关于 l 的轴对称点 (那么 B', A_0, C 共线). 若 A' 在 l 上但不与 A_0 重合, 则 $A'B + A'C = A'B' + A'C > B'C = A_0 B + A_0 C = b + c$. 类似地, 若 A' 落在 l 的上方时, $A'B + A'C > B'C = A_0 B + A_0 C = b + c$. 因此若当 A 满足 $AB + AC = b + c$, 但不与 A_0 重合, 则必然落在 l 的下方 (但在 BC 上方). 可见此时 $\triangle ABC$ 的底边 (BC) 上的高小于 $\triangle A_0 BC$ 的底边上的高. 因此 $\triangle A_0 BC$ 面积最大.

解法 3 三角形面积 $S = \sqrt{s(s-a)(s-b)(s-c)}$, 其中 s 是三角形半周长. 因为 $s, s-a$ 是定值, 所以 $(s-b) + (s-c)$ 是定值. 可应用 A.–G. 不等式推出当 $b = c$ 时 $\sqrt{(s-b)(s-c)}$ 取极大值.

10.47 设外接矩形的一边与该矩形相应边的夹角为 φ, 则外接矩形的边长为 $a\cos\varphi + b\sin\varphi$ 和 $a\sin\varphi + b\cos\varphi$. 于是其面积

$$S = (a\cos\varphi + b\sin\varphi)(a\sin\varphi + b\cos\varphi).$$

由此解出

$$\sin 2\varphi = \frac{2(S - ab)}{a^2 + b^2}.$$

因为 $0 \leqslant \sin 2\varphi \leqslant 1$, 所以 $0 \leqslant 2(S - ab) \leqslant a^2 + b^2$, 从而得到结论.

10.48 参见练习题 2.7. 可用三角函数或坐标方法求解. 下面给出代数解法.

设圆半径为 $r, OP = a \geqslant 0$. 设 O 与 AC, BD 的距离分别是 x, y, $AC = l_1, BD = l_2$, 那么

$$x^2 + y^2 = a^2, \quad l_1 = 2\sqrt{r^2 - x^2}, \quad l_2 = 2\sqrt{r^2 - y^2}.$$

于是

$$\begin{aligned}
(l_1 + l_2)^2 &= \left(2\sqrt{r^2 - x^2} + 2\sqrt{r^2 - y^2}\,\right)^2 \\
&= 4\left(2r^2 - x^2 - y^2 + 2\sqrt{(r^2 - x^2)(r^2 - y^2)}\,\right) \\
&= 4\left(2r^2 - a^2 + 2\sqrt{r^4 - r^2(x^2 + y^2) + x^2 y^2}\,\right) \\
&= 4\left(2r^2 - a^2 + 2\sqrt{r^4 - r^2 a^2 + x^2(a^2 - x^2)}\,\right) \\
&= 4\left(2r^2 - a^2 + 2\sqrt{r^4 - r^2 a^2 + \frac{a^4}{4} - \left(x^2 - \frac{a^2}{2}\right)^2}\,\right).
\end{aligned}$$

因为 $0 \leqslant x^2 \leqslant a^2$, 所以

$$0 \leqslant \frac{a^4}{4} - \left(x^2 - \frac{a^2}{2}\right)^2 \leqslant \frac{a^4}{4},$$

当 $x = 0$ 或 a 时左边等式成立, 当 $x = a\sqrt{2}/2$ 时右边等式成立, 从而

$$\begin{aligned}
4\left(2r^2 - a^2 + 2\sqrt{r^4 - r^2 a^2}\,\right) &\leqslant (l_1 + l_2)^2 \\
&\leqslant 4\left(2r^2 - a^2 + 2\sqrt{r^4 - r^2 a^2 + \frac{a^4}{4}}\,\right).
\end{aligned}$$

注意

$$\begin{aligned}
2r^2 - a^2 + 2\sqrt{r^4 - r^2 a^2} &= \left(r + \sqrt{r^2 - a^2}\,\right)^2, \\
r^4 - r^2 a^2 + \frac{a^4}{4} &= \left(r^2 - \frac{a^2}{2}\right)^2,
\end{aligned}$$

所以

$$2\left(r + \sqrt{r^2 - a^2}\,\right) \leqslant l_1 + l_2 \leqslant 2\sqrt{2(2r^2 - a^2)}.$$

因此所求最大值是 $2\sqrt{2(2r^2 - a^2)}$(当 OP 与 AC, BD 成等角时), 最小值是 $2(r + \sqrt{r^2 - a^2}\,)$(当 BD 或 AC 经过 O 时).

10.49 由 A.–G. 不等式知 $x^3+1=x^3+1/2+1/2\geqslant 3\sqrt[3]{x^3/4}=(3\sqrt[3]{2}/2)x$, 等式仅当 $x^3=1/2$ 时成立. 如果 $k>3\sqrt[3]{2}/2$ 并且不等式 $x^3+1\geqslant kx\,(x>0)$ 成立, 那么, 若在其中取 $x=\sqrt[3]{1/2}$, 则有 $(\sqrt[3]{1/2})^3+1>(3\sqrt[3]{2}/2)(\sqrt[3]{1/2})$, 得到矛盾. 因此 k 的最大值等于 $3\sqrt[3]{2}/2$.

10.50 对于集合 A 中的点 (x,y), 有 $x=\sin t, y=2\sin t\cos t=2x\cos t$. 因此 $y/(2x)=\cos t\,(x\neq 0)$, 从而

$$x^2+\frac{y^2}{4x^2}=1,$$

即得

$$y^2=4x^2-4x^4,$$

此式当 $x=0$(于是 $y=2x\cos t=0$) 时也成立. 由此可知

$$x^2+y^2=5x^2-4x^4=-4\left(x^2-\frac{5}{8}\right)^2+\frac{25}{16}\leqslant\frac{25}{16},$$

等式仅当 $x^2=5/8$ 即 $\sin t=\pm\sqrt{5/8}$ 时成立 (对应地有 4 个 $t\in(0,2\pi)$). 因为 $A\subseteq C(r)$, 所以 r 的最小值等于 $5/4$.

附录 1 算术–几何平均不等式的证明

算术–几何平均不等式 (A.–G. 不等式) 是一个基本不等式, 有多种证明. 这里给出其中七种, 以初等方法为主, 少数用到微分学知识. 特别, 其中有一个最简单的初等证明和一个最简单的非初等证明.

在下文中, 我们采用第 2 节中定义的符号 $A_n = A_n(a_1, a_2, \cdots, a_n)$ 和 $G_n = G_n(a_1, a_2, \cdots, a_n)$.

1. 最简单的初等证明

我们首先给出

引理 1 对于 n 个正数 $x_1, x_2, \cdots, x_n$, 若 $x_1 x_2 \cdots x_n = 1$, 则 $x_1 + x_2 + \cdots + x_n \geqslant n$, 并且等式当且仅当 $x_1 = x_2 = \cdots = x_n$ 时成立.

引理 2 A.–G. 不等式等价于引理 1.

证 显然引理 1 是 A.–G. 不等式的特例. 反之, 对于 $a_1, a_2, \cdots, a_n > 0$, 在引理 1 中取

$$x_i = \frac{a_i}{G_n} \quad (i = 1, 2, \cdots, n),$$

即可推出 A.–G. 不等式. □

由引理 2 可知, 为了证明 A.–G. 不等式, 只需证明引理 1. 我们应用数学归纳法. 当 $n=1$ 时结论显然成立. 设当 $n=k(k \geqslant 1)$ 时, 结论成立. 还设 $k+1$ 个正数 $x_1, x_2, \cdots, x_{k+1}$ 满足

$$x_1 x_2 \cdots x_{k+1} = 1,$$

于是其中有两个数 (比如)x_1, x_2 满足 $x_1 \geqslant 1, x_2 \leqslant 1$, 从而 $(x_1-1)(x_2-1) \leqslant 0$, 也就是

$$x_1 x_2 + 1 \leqslant x_1 + x_2,$$

其中等式仅当 $x_1 = 1$ 或 $x_2 = 1$ 时成立. 此外, k 个正数 $x_1 x_2, x_3, \cdots, x_{k+1}$ 满足条件 $(x_1 x_2) x_3 \cdots x_{k+1} = 1$, 因此由归纳假设得到

$$x_1 x_2 + x_3 + \cdots + x_{k+1} \geqslant k;$$

并且仅当 $x_1 x_2 = x_3 = \cdots = x_{k+1}$ 时等式成立. 由得到的两个不等式即得

$$\begin{aligned}
x_1 + x_2 + x_3 + \cdots + x_{k+1} &= (x_1 + x_2) + x_3 + \cdots + x_{k+1} \\
&\geqslant (x_1 x_2 + 1) + x_3 + \cdots + x_{k+1} \\
&= 1 + (x_1 x_2 + x_3 + \cdots + x_{k+1}) \\
&\geqslant k+1.
\end{aligned}$$

而且仅当 $x_1 = x_2 = \cdots = x_{k+1} = 1$ 时两个不等式同时成为等式. 于是完成归纳证明. □

2. 应用排序不等式的证明

设 $n \geqslant 2$, 实数 $x_1, x_2, \cdots, x_n$ 和 $y_1, y_2, \cdots, y_n$ 满足

$$x_1 \leqslant x_2 \leqslant \cdots \leqslant x_n, \quad y_1 \leqslant y_2 \leqslant \cdots \leqslant y_n; \tag{1}$$

还设 $z_1, z_2, \cdots, z_n$ 是 $y_1, y_2, \cdots, y_n$ 按任意顺序的一个排列, 记

$$\mathscr{A}_n = x_1 y_n + x_2 y_{n-1} + \cdots + x_n y_1,$$

$$\mathscr{B}_n = x_1 y_1 + x_2 y_2 + \cdots + x_n y_n,$$

$$\mathscr{C}_n = x_1 z_1 + x_2 z_2 + \cdots + x_n z_n,$$

将它们分别称为两组实数 $\{x_1, x_2, \cdots, x_n\}$ 和 $\{y_1, y_2, \cdots, y_n\}$ 的反序和、顺序和及乱序和.

引理 3 (排序不等式)　若两组实数 $\{x_1, x_2, \cdots, x_n\}$ 和 $\{y_1, y_2, \cdots, y_n\}$ 满足条件 (1), $\{z_1, z_2, \cdots, z_n\}$ 是 $\{y_1, y_2, \cdots, y_n\}$ 按任意顺序的一个排列, 则

$$\mathscr{A}_n \leqslant \mathscr{C}_n \leqslant \mathscr{B}_n,$$

并且当且仅当下列三条件之一被满足时左半等式成立: $z_1 = y_n, z_2 = y_{n-1}, \cdots, z_n = y_1$ (即 $\{z_1, z_2, \cdots, z_n\}$ 与 $\{y_n, y_{n-1}, \cdots, y_1\}$ 是相同的排列), 或 $x_1 = x_2 = \cdots = x_n$, 或 $y_1 = y_2 = \cdots = y_n$; 类似地, 当且仅当下列三条件之一被满足时右半等式成立: $z_1 = y_1, z_2 = y_2, \cdots, z_n = y_n$ (即 $\{z_1, z_2, \cdots, z_n\}$ 与 $\{y_1, y_2, \cdots, y_n\}$ 是相同的排列), 或 $x_1 = x_2 = \cdots = x_n$, 或 $y_1 = y_2 = \cdots = y_n$. 特别, 当且仅当 $x_1 = x_2 = \cdots = x_n$, 或 $y_1 = y_2 = \cdots = y_n$ 时 $\mathscr{A}_n = \mathscr{C}_n = \mathscr{B}_n$.

证 先证右半不等式. 对 n 用数学归纳法. 对于 $n = 2$, 有

$$\mathscr{C}_2 = x_1 z_1 + x_2 z_2, \quad \mathscr{B}_2 = x_1 y_1 + x_2 y_2,$$

不妨认为排列 $\{z_1, z_2\}$ 是 $\{y_2, y_1\}$(不然 $\mathscr{B}_2 = \mathscr{C}_2$, 已得结论), 于是

$$\mathscr{C}_2 - \mathscr{B}_2 = (x_1 y_2 + x_2 y_1) - (x_1 y_1 + x_2 y_2) = (x_1 - x_2)(y_2 - y_1) \leqslant 0,$$

因此 $\mathscr{C}_2 \leqslant \mathscr{B}_2$, 并且当且仅当 $x_1 = x_2$ 或 $y_1 = y_2$ 时等式成立.

现在设 $k \geqslant 2$, 并且当 $n = k$ 时结论正确, 需要证明

$$\mathscr{C}_{k+1} = x_1 z_1 + x_2 z_2 + \cdots + x_{k+1} z_{k+1}$$

$$\leqslant \mathscr{B}_{k+1} = x_1 y_1 + x_2 y_2 + \cdots + x_{k+1} y_{k+1}.$$

我们区分两种情形:

(i) 若 $z_1 = y_1$, 则记

$$\mathscr{C}_k^{(1)} = x_2 z_2 + \cdots + x_{k+1} z_{k+1},$$
$$\mathscr{B}_k^{(1)} = x_2 y_2 + \cdots + x_{k+1} y_{k+1}.$$

它们分别是数组 $\{x_2, \cdots, x_{k+1}\}$ 和 $\{y_2, \cdots, y_{k+1}\}$ 的乱序和及顺序和, 依归纳假设, 有

$$\mathscr{C}_k^{(1)} \leqslant \mathscr{B}_k^{(1)},$$

并且等式成立的充要条件是排列 $\{z_2, \cdots, z_{k+1}\}$ 与排列 $\{y_2, \cdots, y_{k+1}\}$ 相同, 或 $x_2 = \cdots = x_{k+1}$, 或 $y_2 = \cdots = y_{k+1}$. 于是

$$x_1 y_1 + \mathscr{C}_k^{(1)} \leqslant x_1 y_1 + \mathscr{B}_k^{(1)},$$

这就是 $\mathscr{C}_{k+1} \leqslant \mathscr{B}_{k+1}$. 因为 $\mathscr{C}_{k+1} = \mathscr{B}_{k+1}$ 等价于 $\mathscr{C}_k^{(1)} = \mathscr{B}_k^{(1)}$, 所以关于等式成立的条件的断言在此时正确.

(ii) 若 $z_1 \ne y_1$(因此 z_1 等于 $y_2, \cdots, y_n$ 中的某个, 从而 $z_1 > y_1$), 则必存在下标 $i \ne 1$ 使得 $z_i = y_1$. 我们将 z_i 与 z_1 互换, 即将 $x_1 z_1$ 换成 $x_1 z_i = x_1 y_1$, 同时将 (原来含 z_i 的项)$x_i z_i$ 换成 $x_i z_1$. 将这样得到的和记作

$$\mathscr{C}'_{k+1} = x_1 z_i + (x_2 z_2 + \cdots + x_i z_1 + \cdots + x_{k+1} z_{k+1}), \tag{2}$$

那么 (注意 $x_1 \leqslant x_i, z_1 > y_1$)

$$\mathscr{C}'_{k+1} - \mathscr{C}_{k+1} = x_1(z_i - z_1) + x_i(z_1 - z_i) = (x_1 - x_i)(y_1 - z_1) \geqslant 0,$$

因此

$$\mathscr{C}_{k+1} \leqslant \mathscr{C}'_{k+1}.$$

又依归纳假设, 有

$$x_2 z_2 + \cdots + x_i z_1 + \cdots + x_{k+1} z_{k+1} \leqslant x_2 y_2 + \cdots + x_{k+1} y_{k+1},$$

所以

$$x_1 z_i + x_2 z_2 + \cdots + x_i z_1 + \cdots + x_{k+1} z_{k+1}$$

$$\leqslant x_1 z_i + x_2 y_2 + \cdots + x_{k+1} y_{k+1},$$

注意 $x_1 z_i = x_1 y_1$, 由此及式 (2) 得到

$$\mathscr{C}'_{k+1} \leqslant \mathscr{B}_{k+1}.$$

因此也有 $\mathscr{C}_{k+1} \leqslant \mathscr{B}_{k+1}$, 并且关于等式成立的条件的断言在此时也正确 (留待读者验证). 于是右半不等式得证.

将右半不等式应用于数组 $\{-x_n, -x_{n-1}, \cdots, -x_1\}$ 和 $\{y_1, y_2, \cdots, y_n\}$, 并且将 $\{y_1, y_2, \cdots, y_n\}$ 的任意一个排列记作 $\{z_n, z_{n-1}, \cdots, z_1\}$, 得到

$$(-x_n)z_n + (-x_{n-1})z_{n-1} + \cdots + (-x_1)z_1$$
$$\leqslant (-x_n)y_1 + (-x_{n-1})y_2 + \cdots + (-x_1)y_n,$$

用 -1 乘以此不等式两边即得 $\mathscr{C}_n \geqslant \mathscr{A}_n$, 并且容易验证关于等式成立的断言 (留待读者). 于是左半不等式也得证. $\qquad\square$

下面应用引理 3 推出 A.–G. 不等式. 对于 n 个正数 $a_1, a_2, \cdots, a_n$, 令

$$b_i = \frac{a_i}{G_n} \quad (i = 1, 2, \cdots, n).$$

我们记

$$b_1 = \frac{x_1}{x_2}$$

(即 $x_1 = a_1, x_2 = G_n$); 然后记

$$b_2 = \frac{1}{G_n/a_2} = \frac{x_2}{x_2 \cdot (G_n/a_2)} = \frac{x_2}{x_3}$$

(即 $x_3 = x_2 \cdot (G_n/a_2)$); 如此继续, 可得

$$b_i = \frac{x_i}{x_{i+1}} \quad (i = 1, 2, \cdots, n-1).$$

因为 $b_1 b_2 \cdots b_n = 1$, 所以

$$b_n = \frac{1}{b_1 b_2 \cdots b_{n-1}} = \frac{1}{x_1/x_n} = \frac{x_n}{x_1}.$$

不妨认为 $x_1 \leqslant x_2 \leqslant \cdots \leqslant x_n$(不然可对 x_i 重新编号), 并令

$$y_1 = \frac{1}{x_n}, \quad y_2 = \frac{1}{x_{n-1}}, \quad \cdots, \quad y_n = \frac{1}{x_1},$$

那么 $y_1 \leqslant y_2 \leqslant \cdots \leqslant y_n$. 取 $\{y_1, y_2, \cdots, y_{n-1}, y_n\}$ 的排列 $\{y_2, y_3, \cdots, y_n, y_1\}$, 那么由不等式 $\mathscr{A}_n \leqslant \mathscr{C}_n$ 得到

$$x_1 \cdot \frac{1}{x_1} + x_2 \cdot \frac{1}{x_2} + \cdots + x_n \cdot \frac{1}{x_n}$$
$$\leqslant x_1 \cdot \frac{1}{x_2} + x_2 \cdot \frac{1}{x_3} + \cdots + x_n \cdot \frac{1}{x_1},$$

此即

$$n \leqslant b_1 + b_2 + \cdots + b_n,$$

或

$$n \leqslant \frac{a_1 + a_2 + \cdots + a_n}{G_n},$$

因此 $G_n \leqslant A_n$. 等式成立的充要条件是下列三者之一: $y_1 = y_2, y_2 = y_3, \cdots, y_n = y_1$; 或 $x_1 = x_2 = \cdots = x_n$; 或 $1/x_1 = 1/x_2 = \cdots = 1/x_n$. 它们都归结为 $a_1 = a_2 = \cdots = a_n$. 于是得到 A.–G. 不等式.

3. 归纳证明 (1)

为了给出这个归纳证明, 我们需要下列的

引理 4　设整数 $n \geqslant 1$, 实数 $x, b \geqslant 0$, 则

$$x^n + (n-1)\sqrt[n-1]{b^n} \geqslant nbx,$$

并且等式当且仅当 $x = \sqrt[n-1]{b}$ 时成立.

证 (i) 令 $f(x) = x^n - nbx$, 那么要证的不等式等价于

$$f(x) \geqslant f(\sqrt[n-1]{b}), \tag{3}$$

并且等式当且仅当 $x = \sqrt[n-1]{b}$ 时成立.

(ii) 对于分式 y/x, 依几何级数求和公式有

$$1 + \frac{y}{x} + \left(\frac{y}{x}\right)^2 + \cdots + \left(\frac{y}{x}\right)^{n-1} = \frac{1 - \left(\frac{y}{x}\right)^n}{1 - \frac{y}{x}},$$

两边同乘 x^{n-1}, 得到

$$x^{n-1} + x^{n-2}y + x^{n-3}y^2 + \cdots + xy^{n-2} + y^{n-1} = \frac{x^n - y^n}{x - y},$$

于是

$$x^n - y^n = (x-y)(x^{n-1} + x^{n-2}y + x^{n-3}y^2 + \cdots + xy^{n-2} + y^{n-1}) \tag{4}$$

(实际上此恒等式对任何实数 x, y 成立, 它也可通过作除法 $(x^n - y^n) \div (x - y)$ 推出).

(iii) 由式 (4) 可得

$$f(x) - f(\sqrt[n-1]{b}) = \left(x^n - (\sqrt[n-1]{b})^n\right) - nb(x - \sqrt[n-1]{b})$$

$$= (x - \sqrt[n-1]{b})\left(x^{n-1} + x^{n-2}(\sqrt[n-1]{b}) + x^{n-3}(\sqrt[n-1]{b})^2\right.$$

$$\left. + \cdots + (\sqrt[n-1]{b})^{n-1} - nb\right).$$

若 $x > \sqrt[n-1]{b}$, 则 $x^n - (\sqrt[n-1]{b})^n > 0$, 并且

$$x^{n-1} + x^{n-2}(\sqrt[n-1]{b}) + x^{n-3}(\sqrt[n-1]{b})^2 + \cdots + (\sqrt[n-1]{b})^{n-1} - nb$$

$$> (\sqrt[n-1]{b})^{n-1} + (\sqrt[n-1]{b})^{n-2}(\sqrt[n-1]{b}) + (\sqrt[n-1]{b})^{n-3}(\sqrt[n-1]{b})^2$$
$$+ \cdots + (\sqrt[n-1]{b})^{n-1} - nb = 0,$$

因此

$$f(x) > f(\sqrt[n-1]{b}). \tag{5}$$

若 $x < \sqrt[n-1]{b}$, 则 $x^n - (\sqrt[n-1]{b})^n < 0$, 并且

$$x^{n-1} + x^{n-2}(\sqrt[n-1]{b}) + x^{n-3}(\sqrt[n-1]{b})^2 + \cdots + (\sqrt[n-1]{b})^{n-1} - nb$$
$$< (\sqrt[n-1]{b})^{n-1} + (\sqrt[n-1]{b})^{n-2}(\sqrt[n-1]{b}) + (\sqrt[n-1]{b})^{n-3}(\sqrt[n-1]{b})^2$$
$$+ \cdots + (\sqrt[n-1]{b})^{n-1} - nb = 0,$$

因此不等式 (5) 仍然成立. 因此当 $x \neq \sqrt[n-1]{b}$ 时, 有

$$f(x) > f(\sqrt[n-1]{b}).$$

又若 $x = \sqrt[n-1]{b}$, 则 $f(x) = f(\sqrt[n-1]{b})$. 于是不等式 (3) 得证. $\square$

现在应用数学归纳法证明 A.–G. 不等式.

已知 $n = 2$ 时 A.–G. 不等式成立 (见正文第 2 节). 现在设当 $n = k(k \geqslant 2)$ 时不等式成立, 即当 $a_1, a_2, \cdots, a_k > 0$ 时有

$$a_1 + a_2 + \cdots + a_k \geqslant k\sqrt[k]{a_1 a_2 \cdots a_k}, \tag{6}$$

并且当且仅当 $a_1 = a_2 = \cdots = a_k$ 时等式成立. 考虑 $k + 1$ 个数 $a_1, a_2, \cdots, a_k, a_{k+1} > 0$. 在引理 4 中取

$$x = \sqrt[k+1]{a_{k+1}}, \quad b = \sqrt[k+1]{a_1 a_2 \cdots a_k}, \quad n = k + 1,$$

则有

$$a_{k+1} + k\sqrt[k]{a_1 a_2 \cdots a_k} \geqslant (k+1)\sqrt[k+1]{a_1 a_2 \cdots a_k a_{k+1}}, \tag{7}$$

并且等式仅当

$$\sqrt[k+1]{a_{k+1}} = \sqrt[k]{\sqrt[k+1]{a_1 a_2 \cdots a_k}}$$

时, 也就是当

$$a_{k+1} = \sqrt[k]{a_1 a_2 \cdots a_k}$$

时成立. 由式 (6) 和式 (7) 得到

$$a_1 + a_2 + \cdots + a_k + a_{k+1} \geqslant k\sqrt[k]{a_1 a_2 \cdots a_k} + a_{k+1}$$
$$\geqslant (k+1)\sqrt[k+1]{a_1 a_2 \cdots a_k a_{k+1}};$$

并且当且仅当

$$a_1 = a_2 = \cdots = a_k, \quad a_{k+1} = \sqrt[k]{a_1 a_2 \cdots a_k}$$

也就是 $a_1 = a_2 = \cdots = a_{k+1}$ 时, 式 (6) 和式 (7) 中等式成立, 从而上述不等式成为等式. 于是完成归纳证明. □

4. 归纳证明 (2)

下面给出的第二个归纳证明, 所用的推理过程是通常归纳法的变体, 称为反向归纳法. 归纳证明的第一步是证明下列的

引理 5 设 $m \geqslant 1$, 对于任意 2^m 个正数 $a_1, a_2, \cdots, a_{2^m}$, A.–G. 不等式成立.

证 对 m 用数学归纳法. 当 $m=1$ 时, 显然结论成立 (见正文第 2 节). 设当 $m=k(k \geqslant 1)$ 时结论成立, 要证对于任意给定的 2^{k+1} 个正数

$$a_1, a_2, \cdots, a_{2^{k+1}},$$

A.–G. 不等式成立. 为此对下列 2^k 个正数

$$a'_1 = \frac{a_1 + a_2}{2}, \quad a'_2 = \frac{a_3 + a_4}{2}, \quad \cdots, \quad a'_{2^k} = \frac{a_{2^{k+1}-1} + a_{2^{k+1}}}{2}$$

应用归纳假设, 可得

$$\frac{1}{2^k}(a'_1 + a'_2 + \cdots + a'_{2^k}) \geqslant \sqrt[2^k]{a'_1 a'_2 \cdots a'_{2^k}}; \tag{8}$$

并且当且仅当

$$a'_1 = a'_2 = \cdots = a'_{2^k} \tag{9}$$

时等式成立. 注意

$$\frac{1}{2^k}(a'_1 + a'_2 + \cdots + a'_{2^k}) = \frac{1}{2^{k+1}}(a_1 + a_2 + \cdots + a_{2^{k+1}});$$

以及

$$a'_1 \geqslant \sqrt{a_1 a_2}, \quad a'_2 \geqslant \sqrt{a_3 a_4}, \quad a'_{2^k} \geqslant \sqrt{a_{2^{k+1}-1} a_{2^{k+1}}}.$$

并且当且仅当

$$a_1 = a_2, \quad a_3 = a_4, \quad \cdots, \quad a_{2^{k+1}-1} = a_{2^{k+1}} \tag{10}$$

时等式成立. 因此由式 (8) 推出

$$\frac{1}{2^{k+1}}(a_1 + a_2 + \cdots + a_{2^{k+1}}) \geqslant \sqrt[2^{k+1}]{a_1 a_2 \cdots a_{2^{k+1}}};$$

并且当且仅当式 (9) 和式 (10) 同时满足, 也就是 $a_1 = a_2 = \cdots = a_{2k+1}$ 时, 等式成立. 于是完成了引理 5 的归纳证明. □

反向归纳法证明的第 2 步: 设当 $n = k+1$ 时命题成立, 要证明当 $n = k$ 时命题也成立. 为此, 对于给定的 k 个正数 $a_1, a_2, \cdots, a_k$, 我们考虑下列 $k+1$ 个正数:

$$a_1, a_2, \cdots, a_k, a'_{k+1} = \sqrt[k]{a_1 a_2 \cdots a_k},$$

依归纳假设, 我们有

$$a_1 + a_2 + \cdots + a_k + a'_{k+1} \geqslant (k+1) \sqrt[k+1]{a_1 a_2 \cdots a_k a'_{k+1}}; \qquad (11)$$

并且当且仅当

$$a_1 = a_2 = \cdots = a_k = a'_{k+1} = \sqrt[k]{a_1 a_2 \cdots a_k} \qquad (12)$$

时等式成立. 不等式 (11) 等价于

$$a_1 + a_2 + \cdots + a_k + \sqrt[k]{a_1 a_2 \cdots a_k} \geqslant (k+1)(a_1 a_2 \cdots a_k)^{(1+1/k)/(k+1)},$$

即

$$a_1 + a_2 + \cdots + a_k + \sqrt[k]{a_1 a_2 \cdots a_k} \geqslant (k+1) \sqrt[k]{a_1 a_2 \cdots a_k},$$

因此

$$a_1 + a_2 + \cdots + a_k \geqslant k \sqrt[k]{a_1 a_2 \cdots a_k}.$$

显然式 (12) 给出上式中等式成立的充要条件是 k 个正数 $a_1, a_2, \cdots, a_k$ 相等. 于是当 $n = k$ 时命题也成立. 这就完成了 A.–G. 不等式的 (反向) 归纳证明.

5. 归纳证明 (3)

它实际上是上面反向归纳法证明的变体, 差别在于归纳证明的第二步.

设 $a_1, a_2, \cdots, a_n$ 是任意 $n(> 1)$ 个正数, 要证明对于它们 A.–G. 不等式成立. 由引理 5 可知, A.–G. 不等式对 2^m 个正数已经成立, 所以可以认为 n 不等于 2 的任何正整数幂. 于是存在唯一的正整数 $l \geqslant 2$ 使得

$$2^{l-1} < n < 2^l.$$

考虑 2^l 个正数

$$a_1, a_2, \cdots, a_n, a'_{n+1} = \cdots = a'_{2^l} = \sqrt[n]{a_1 a_2 \cdots a_n},$$

由引理 5 得到

$$\frac{1}{2^l}(a_1 + a_2 + \cdots + a_n + a'_{n+1} + \cdots + a'_{2^l})$$
$$\geqslant \sqrt[2^l]{a_1 a_2 \cdots a_n a'_{n+1} \cdots a'_{2^l}}; \tag{13}$$

并且当且仅当 $a_1 = a_2 = \cdots = a_n = a'_{n+1} = \cdots = a'_{2^l}$ 时等式成立. 将式 (13) 化简, 得到

$$\frac{n}{2^l} A_n + \frac{2^l - n}{2^l} \cdot G_n \geqslant (G_n^n \cdot G_n^{2^l - n})^{1/2^l},$$

即

$$\frac{n}{2^l} A_n + \left(1 - \frac{n}{2^l}\right) G_n \geqslant G_n,$$

于是 $A_n \geqslant G_n$, 并且当且仅当 $a_1 = a_2 = \cdots = a_n$ 时等式成立. 于是命题得证.

6. 最简单的非初等 (微分学方法) 证明

我们首先证明

引理 6　对于任何实数 x, 有 $e^x \geqslant ex$, 并且等式仅当 $x = 1$ 时成立.

证　令 $f(x) = e^x - ex$, 则 $f'(x) = e^x - e$. 因为 $f'(1) = 0$, 并且当 $x \in \mathbb{R}$ 时 $f''(x) = e^x > 0$, 所以 $f(x)$ 有 (局部) 极小值 $f(1) = 0$. 又因为当 $|x| \to \infty$ 时 $f(x) \to \infty$, 所以 $f(x)(x \in \mathbb{R})$ 有最小值 (整体极小值) $f(1) = 0$. 于是引理得证. □

现在对于给定的 n 个正数 $a_1, a_2, \cdots, a_n$, 令

$$x_i = \frac{a_i}{A_n} \quad (i = 1, 2, \cdots, n),$$

那么由引理 6 得到

$$e^{x_i} \geqslant ex_i, \quad (i = 1, 2, \cdots, n).$$

这些不等式两边都是正数, 将它们相乘, 并且注意 $x_1 + x_2 + \cdots + x_n = n$, 就可得到

$$e^n \geqslant e^n \left(\frac{G_n}{A_n}\right)^n,$$

因此 $A_n \geqslant G_n$. 又依引理 6 可知, 仅当所有 $x_i = 1$, 也就是 $a_1 = a_2 = \cdots = a_n$ 时等式成立. 于是我们得到 A.-G. 不等式.

注　应用引理 6 可推出一些有趣的结果, 例如:

(i)　当 $x > 0$ 时, $x^{1/x} \leqslant e^{1/e}$, 并且等式仅当 $x = e$ 时成立.

(ii)　若 $b > a \geqslant e$ 或 $0 < b < a \leqslant e$, 则 $a^b > b^a$.

(iii)　$e^\pi > \pi^e$.

(iv)　若 $\lambda_1, \lambda_2, \cdots, \lambda_n > 0, \lambda_1 + \lambda_2 + \cdots + \lambda_n = 1$, 则对任意非负实数 $a_1, a_2, \cdots, a_n$ 有

$$\lambda_1 a_1 + \lambda_2 a_2 + \cdots + \lambda_n a_n \geqslant a_1^{\lambda_1} a_2^{\lambda_2} \cdots a_n^{\lambda_n},$$

并且当且仅当 $a_1 = a_2 = \cdots = a_n$ 时等式成立.

证明:　(i)　在引理 6 中用 x/e 代 x.

(ii)　若 $b > a \geqslant \mathrm{e}$, 则 $a/\mathrm{e} \geqslant 1, b - a > 0$, 因此 $(a/\mathrm{e})^{b-a} \geqslant 1$, 于是 $a^b \mathrm{e}^a \geqslant \mathrm{e}^b a^a$. 在引理 6 中用 $b/a (\neq 1)$ 代 x, 得到 $\mathrm{e}^{b/a} > \mathrm{e}b/a$, 于是 $\mathrm{e}^b a^a > \mathrm{e}^a b^a$. 因此 $a^b \mathrm{e}^a > \mathrm{e}^a b^a$, 从而 $a^b > b^a$.

若 $0 < b < a \leqslant \mathrm{e}$, 则 $\mathrm{e}/a \geqslant 1, a - b > 0$, 所以 $(\mathrm{e}/a)^{a-b} \geqslant 1$, 于是 $a^b \mathrm{e}^a \geqslant \mathrm{e}^b a^a$. 又因为 $\mathrm{e}^b a^a > \mathrm{e}^a b^a$(上面已证), 因此 $a^b \mathrm{e}^a > b^a \mathrm{e}^a$, 从而也得到 $a^b > b^a$.

(iii)　因为 $\pi > \mathrm{e}$, 所以由上述 (ii) 推出结论.

(iv)　令 $\omega = \lambda_1 a_1 + \lambda_2 a_2 + \cdots + \lambda_n a_n$, 以及 $x_i = a_i/\omega (i = 1, 2, \cdots, n)$, 应用引理 6 得到

$$\mathrm{e}^{a_i/\omega} \geqslant \mathrm{e} \cdot \frac{a_i}{\omega} \quad (i = 1, 2, \cdots, n).$$

将这些不等式两边 λ_i 次方, 然后相乘, 即得结果.

7. 另一个非初等 (微分学方法) 证明

对于 n 个互不相等的正数 $a_1, a_2, \cdots, a_n$, 用 p_k 表示所有的它们中 k 个数的乘积的算术平均, 那么

$$p_1 > p_n^{1/n}$$

就是 A.–G. 不等式 (等式的情形是显然的). 因此我们来 (更一般地) 证明

引理 7 设 $a_1, a_2, \cdots, a_n$ 是 n 个互不相等的正数, p_k 如上, 那么

$$p_1 > p_2^{1/2} > p_3^{1/3} > \cdots > p_n^{1/n}.$$

证 我们补充定义 $p_0 = 1$. 令

$$f(x) = (x + a_1)(x + a_2) \cdots (x + a_n),$$

由 p_k 的定义(它是 $\binom{n}{k}$ 个数的算术平均), 我们有

$$f(x) = x^n + \binom{n}{1} p_1 x^{n-1} + \binom{n}{2} p_2 x^{n-2} + \cdots + p_n.$$

因为 $f(-a_1) = f(-a_2) = 0$, 由 Rolle 定理, 存在 $\xi_1 \in (-a_1, -a_2)$, 使 $f'(\xi_1) = 0$. 注意

$$f'(x) = n \left(x^{n-1} + \binom{n-1}{1} p_1 x^{n-2} + \binom{n-1}{2} p_2 x^{n-3} + \cdots + p_{n-1} \right),$$

所以在题设条件下, 方程

$$x^{n-1} + \binom{n-1}{1} p_1 x^{n-2} + \binom{n-1}{2} p_2 x^{n-3} + \cdots + p_{n-1} = 0$$

恰有 $n-1$ 个不相等的实根. 如果我们对 $f(x)$ 求导 $s (s < n)$ 次, 那么

$$x^{n-s} + \binom{n-s}{1} p_1 x^{n-s-1} + \cdots + p_{n-s} = 0$$

恰有 $n-s$ 个不相等的实根. 若以 $n-k-1$ 代 s, 并令 $x=y^{-1}$, 则方程

$$p_{k+1}y^{k+1} + \binom{k+1}{1}p_k y^2 + \cdots + \binom{k+1}{2}p_{k-1}y^{k-1} + \cdots + 1 = 0$$

也恰有 $k+1$ 个不相等的实根. 对这个方程求导 $k-1$ 次, 并约去常数因子, 可知二次方程

$$p_{k+1}y^2 + 2p_k y + p_{k-1} = 0$$

有两个互异实根, 所以

$$p_k^2 > p_{k-1}p_{k+1} \quad (k=1,2,\cdots,n-1).$$

由此推出

$$(p_0 p_2)(p_1 p_3)^2 (p_2 p_4)^3 \cdots (p_{k-1}p_{k+1})^k < p_1^2 p_2^4 p_3^6 \cdots p_k^{2k},$$

两边约去相同的因子, 即得

$$p_k^{1/k} > p_{k+1}^{1/(k+1)} \quad (k=1,2,\cdots,n-1).$$

或者: 在 $p_k^2 > p_{k-1}p_{k+1}$ 中令 $k=1$ 得 $p_1^2 > p_2$, 于是得到 $p_2^{1/2} < p_1$. 类似地, 令 $k=2$ 可推出 $p_2^2 > p_1 p_3 > p_2^{1/2}p_3$, 于是得到 $p_3^{1/3} < p_2^{1/2}$. 令 $k=3$ 可推出 $p_3^2 > p_2 p_4 > p_3^{2/3}p_4$, 于是得到 $p_4^{1/4} < p_3^{1/3}$. 等等.　□

附录 2 伯努利不等式的证明

我们将这个不等式重复地叙述如下:

定理 8.2(伯努利 (Bernoulli) 不等式) 设 α 是实数, 则

(a) 当 $x \geqslant -1, 0 < \alpha < 1$ 时, $(1+x)^\alpha \leqslant 1+\alpha x$.

(b) 当 $x \geqslant -1, \alpha > 1$ 时, $(1+x)^\alpha \geqslant 1+\alpha x$.

(c) 当 $x > -1, \alpha < 0$ 时, $(1+x)^\alpha \geqslant 1+\alpha x$.

在所有情形, 当且仅当 $x = 0$ 时等式成立.

它有几种 (初等和非初等的) 证明. 下面是一个接近于 "初等方法" 的证明.

情形 (a) 的证明 (i) 首先考虑特殊情形, 即设 α 是有理数. 令 $\alpha = m/n$, 其中 m, n 是互素整数. 因为 $0 < \alpha < 1$, 所以 $1 \leqslant m < n$. 注意 $1 + x \geqslant 0$, 由 A.–G. 不等式得到

$$
\begin{aligned}
(1+x)^\alpha &= (1+x)^{m/n} = \sqrt[n]{(1+x)^m \cdot 1^{n-m}} \\
&= \sqrt[n]{(1+x)(1+x)\cdots(1+x)\cdot 1 \cdots 1} \\
&\qquad (\text{其中 } (1+x) \text{ 重复 } m \text{ 次}, 1 \text{ 重复 } n-m \text{ 次}) \\
&\leqslant \frac{1}{n}\big((1+x)+(1+x)+\cdots+(1+x)+1+1+\cdots+1\big)
\end{aligned}
$$

$$= \frac{m(1+x)+n-m}{n} = \frac{n+mx}{n} = 1 + \frac{m}{n}x = 1 + x;$$

并且当且仅当 $1 + x = x$, 即 $x = 0$ 时等式成立.

(ii)　现在考虑一般情形, 即对无理数 $\alpha \in (0,1)$ 证明不等式成立. 此时存在一个无穷有理数列 $r_1, r_2, \cdots$, 其极限 $\lim\limits_{k \to \infty} r_k = \alpha$, 并且所有 $r_k \in (0,1)$ (这个事实可以严格证明, 一般读者可以承认它). 依上面步骤 (i) 中所证的结果可知, 对于每个 k 都有

$$(1+x)^{r_k} \leqslant 1 + r_k x.$$

由此依极限的基本性质得到

$$\lim_{k \to \infty} (1+x)^{r_k} \leqslant \lim_{k \to \infty} (1 + r_k x),$$

因此

$$(1+x)^{\alpha} \leqslant 1 + \alpha x.$$

显然当 $x = 0$ 时上式成为等式. 我们还需证明: 若 $x \neq 0$, 则 $(1+x)^{\alpha} < 1 + \alpha x$ (这样, 对于一般情形, 也是当且仅当 $x = 0$ 时等式成立). 为此注意存在有理数 r 落在无理数 α 和 1 之间, 即 $\alpha < r < 1$, 于是实数 $\alpha/r \in (0,1)$, 从而依刚才所证的结果 (其中指数取无理数 α/r) 得到

$$(1+x)^{\alpha/r} \leqslant 1 + \frac{\alpha}{r}x.$$

因为 $1 + x \geqslant 0$, 所以上式两边非负, 从而两边 "r 次方" 后有

$$(1+x)^{\alpha} \leqslant \left(1 + \frac{\alpha}{r}x\right)^r.$$

最后, 由 $\alpha/r \in (0,1)$ 和 $x \geqslant -1$ 可知 $\alpha x/r \geqslant -\alpha/r > -1$, 并且由 $x \neq 0$ 可知 $\alpha x/r \neq 0$, 所以由步骤 (i) 中得到的结果 (其中指数取有理数 r) 得到严格不等式

$$\left(1 + \frac{\alpha}{r}x\right)^r < 1 + r \cdot \frac{\alpha}{r}x = 1 + \alpha x.$$

因此确实当 $x \neq 0$ 时 $(1+x)^\alpha < 1 + \alpha x$. 于是我们完成了情形 (a) 的证明.

情形 (b) 的证明 设 $\alpha > 1$. 若 $1 + \alpha x < 0$, 则因为 $(1+x)^\alpha \geqslant 0$, 所以 $(1+x)^\alpha > 1 + \alpha x$. 若 $1 + \alpha x \geqslant 0$, 则 $\alpha x \geqslant -1$, 于是在情形 (a) 的不等式中用 αx 代 x, $1/\alpha$ 代 α, 可推出

$$(1 + \alpha x)^{1/\alpha} \leqslant 1 + \frac{1}{\alpha} \cdot (\alpha x) = 1 + x,$$

并且等式当且仅当 $x = 0$ 时成立. 将此不等式两边 "乘方" α 次, 即得 $1 + \alpha x \leqslant (1+x)^\alpha$, 也就是 $(1+x)^\alpha \geqslant 1 + \alpha x$.

情形 (c) 的证明 此时 $\alpha < 0$, 并且 $x > -1$. 若 $1 + \alpha x < 0$, 则显然 $(1+x)^\alpha > 1 + \alpha x$. 现在考虑 $1 + \alpha x \geqslant 0$ 的情形. 因为 α 是给定的负数, 所以可取正整数 $q \geqslant 2$ 使得 $q > -\alpha$, 于是 $0 < -\alpha/q < 1$. 依情形 (a) 中的不等式可知

$$(1+x)^{-\alpha/q} \leqslant 1 - \frac{\alpha}{q}x$$

(其中等式当且仅当 $x = 0$ 时成立). 因为 $x > -1$, 所以上式左边和右边 $1 - \alpha x/q$ 都是正数, 从而取不等式两边的倒数可得

$$(1+x)^{\alpha/q} \geqslant \frac{1}{1 - \dfrac{\alpha}{q}x}.$$

又因为 $(1-\alpha x/q)(1+\alpha x/q)=1-\alpha^2x^2/q^2\leqslant 1$(其中等式当且仅当 $x=0$ 时成立), 并且 $1-\alpha x/q>0$, 所以

$$\frac{1}{1-\dfrac{\alpha}{q}x}\geqslant 1+\frac{\alpha}{q}x.$$

于是我们进而推出

$$(1+x)^{\alpha/q}\geqslant 1+\frac{\alpha}{q}x.$$

注意 $1+\alpha x\geqslant 0$ 蕴含 $\alpha x/q\geqslant -1$, 所以上式两边非负. 将此不等式两边 q 次方, 并且应用情形 (b) 中的不等式 (注意 $q>1$ 及 $\alpha x/q\geqslant -1$), 得到

$$(1+x)^{\alpha}\geqslant\left(1+\frac{\alpha}{q}x\right)^q\geqslant 1+q\cdot\frac{\alpha}{q}x=1+\alpha x$$

(并且等式当且仅当 $x=0$ 时成立). 于是定理 8.2 得证.

中国科学技术大学出版社中学数学用书